TOURISM PLANNING & DESIGN   NO.28

旅游规划与设计 28

旅游规划 ＋ 景观建筑 ＋ 景区管理

北京大学城市与环境学院旅游研究与规划中心　主编

中国建筑工业出版社　出版

旅游建筑与建筑旅游
Tourism Architecture and Architecture Tourism

U0291336

图书在版编目（CIP）数据

旅游规划与设计——旅游建筑与建筑旅游/北京大学
城市与环境学院旅游研究与规划中心主编.—北京:中国
建筑工业出版社,2018.11
ISBN 978-7-112-22815-7

Ⅰ. ①旅… Ⅱ. ①北… Ⅲ. ①旅游区—建筑设计
Ⅳ. ①TU247.9

中国版本图书馆CIP数据核字(2018)第235533号

主编单位:
北京大学城市与环境学院旅游研究与规划中心　　大地风景文旅集团

出版单位:
中国建筑工业出版社

编委（按姓名拼音排序）:

保继刚（中山大学）　　　　　　陈　田（中国科学院）　　　　　陈可石（北京大学深圳研究生院）
高　峻（上海师范大学）　　　　刘　锋（巅峰智业）　　　　　　刘滨谊（同济大学）
罗德胤（清华大学）　　　　　　马耀峰（陕西师范大学）　　　　石培华（南开大学）
王向荣（北京林业大学）　　　　魏小安（世界旅游城市联合会）　谢彦君（海南大学）
杨　锐（清华大学）　　　　　　杨振之（四川大学）　　　　　　张　捷（南京大学）
张广瑞（中国社会科学院）　　　周建明（中国城市规划设计院）　邹统钎（北京第二外国语学院）

名誉主编:　　刘德谦

主编:　　吴必虎
本期特约主编: 王珏
常务副主编: 戴林琳
副主编:　　李咪咪　　汪　芳　　高炽海
编辑部主任: 林丽琴
编辑部副主任: 姜丽黎
编辑:　　崔　锐　　徐文晴
装帧设计: 刘洺铄
责任编辑: 郑淮兵　　王晓迪
责任校对: 李美娜

封面图片提供: 阿那亚启行营地
封面图片说明: 阿那亚礼堂
扉页图片提供: 徐晓东
扉页图片说明: 苏州博物馆
封二底图提供: 徐晓东
封二底图说明: 北京民生美术馆
封三底图提供: 徐晓东
封三底图说明: 北京民生美术馆

旅游规划与设计——旅游建筑与建筑旅游
北京大学城市与环境学院旅游研究与规划中心 主编

中国建筑工业出版社 出版、发行（北京海淀三里河路9号）
各地新华书店、建筑书店经销
北京缤索印刷有限公司印刷

开本:880×1230毫米 1/16　印张:9¾　字数:281千字
2018年6月第一版　　2018年6月第一次印刷
定价:48.00元

ISBN 978-7-112-22815-7
　　（32910）

卷首语

　　说起建筑旅游，我有一次非常难忘的经历。那是在十多年前，我们在罗马街头游览时恰逢一场急雨，大家慌不择路地纷纷跑进路边的建筑避雨，而幸运的我则躲进了附近的万神殿。当我听着雨水的声音穿过这个建筑门口浑厚的柱廊、开始展开这次特殊的建筑体验的时候，一种莫名的深沉的感觉袭上心头，这种感觉带着岁月浸染的气息，化作一种刻骨铭心的"庄严"，为我洗去了为避雨而来的焦急。而当我整理好心情进入大殿时，抬头望去，眼前的景象令我震撼：大雨从大殿穹顶上的圆洞中倾斜而下，整个建筑的光亮也从圆洞上透射下来，平日里随太阳的行走而移动的光，在这个时候将飞落的雨水化成了许多闪动的线，这么多的亮线组成闪动而有体量感的光束，终结在雨水敲击大理石地面的声音里……历史的建筑、诸神环视、因为下雨而显得稍暗的室内环境、因为光照而显得明亮而富有动感的雨柱、敲击在地面的落水声……一切令人叹为观止！让人想情不自禁地想去拥抱这束雨！现场几乎所有的游客也都被这连接于天的强大力量完全征服，各种各样的语言此起彼伏，由衷地赞叹。

　　到罗马、看万神殿，这估计算得上是典型的"建筑旅游"行为；而公元125年由哈德良建设的这座万神殿，到如今确实也可以是"旅游建筑"的代表。我想，当年这位喜爱建筑的罗马皇帝在建造万神殿的时候，一定没有想过千年之后的今天，这为神而造的殿堂会成为各国游客纷至沓来的场所；但他以神性通达为原则所建造的建筑，将神性体现于物质之上，感召力贯穿于空间之中，成就了至今依然强大的效果。而作为一名游客的我，也借由此次旅游深刻感悟了晴与雨、亮与暗、虚与实、时间与空间、生命与自然的关联，其收获远不止于丰富人文历史知识、了解建筑平立剖关系等。

　　由此可见，"旅游建筑"最初可能并不是为旅游而建造的房子，而"建筑旅游"体验的内容也不止于建筑本身。这是两个外延非常广阔的、相互之间又有许多联系的有趣概念，在大众旅游繁荣的今天确实也有了探索一下的必要。

　　许多案例表明，就建筑旅游而言，今天，除了历史文化建筑之外，许多新的建筑内容也逐渐受到旅游者的追捧。不得不说，好的建筑是具有旅游价值的，好的设计是创造价值的。基于此，旅游的发展也呼唤着建筑学的进步和回归，当建筑设计不仅是"经济、实用、美观"，而是创造特殊的体验和生活方式、回归"凝固音乐"所具有的精神和美学意义中时，建筑和旅游各正其位，"旅游建筑"和"建筑旅游"也都将蓬勃发展、各得其所。

　　感谢吴必虎老师邀请我成为这一期主题的编者，这使我有机会系统地梳理在建筑和旅游两个专业交集工作的所感所悟，也比更多人更早地读到本期杂志作者们的精彩文章。感谢编辑部林丽琴和姜丽黎的辛苦工作。期望诸位感兴趣的读者能有所收获。

本期特约主编

北京大地风景建筑设计有限公司
董事长、总设计师

TOURISM PLANNING & DESIGN　NO.28

旅游规划与设计 28

旅游规划 ＋ 景观建筑 ＋ 景区管理

北京大学城市与环境学院旅游研究与规划中心 主编

中国建筑工业出版社 出版

目 录

旅游建筑与建筑旅游

CONTENTS

TOURISM PLANNING & DESIGN   NO.28

旅游规划与设计 **28**

旅游规划 ＋ 景观建筑 ＋ 景区管理

北京大学城市与环境学院旅游研究与规划中心 主编

中国建筑工业出版社 出版

Tourism Architecture and Architecture Tourism

北京大学城市与环境学院
旅游研究与规划中心   主编

中国建筑工业出版社   出版

京都虹溪诺雅酒店

旅游建筑与建筑旅游思辨
Debate on Architecture and Tourism

王　珏　　旅游·建筑·设计

王　婷　吴必虎　建筑旅游文献综述

戚山山　　场所精神："城市山林"之下的建筑诗书画

旅游 · 建筑 · 设计
Tourism · Architecture · Design

文 / 王　珏

【摘　要】

旅游建筑是构成旅游风景的重要因素，是为游客提供服务的必然需求，而建筑旅游则日益成为探索地方历史文化的旅游活动的重要方式。在旅游日益发展的今天，已经有越来越多的案例可以证明：良好的建筑设计可以创造旅游价值。本文尝试探索旅游、建筑和设计之间的关系，分析了设计导向型旅游发展的可行性，提出了旅游导向型建筑设计的概念和方向。

【关键词】

旅游建筑；建筑旅游；建筑设计；创意设计导向型旅游发展；旅游导向型建筑设计

【作者简介】

王　珏　北京大地风景建筑设计有限公司董事长、总设计师

1 旅游与建筑

自古以来，与旅游相关的风景，很多都会有建筑的痕迹。有的是高山上的一座石亭，有的是溪水边的一间船屋，有的是山谷里的一组庙宇，有的是古城内的一处雅居。

明代的徐霞客是人们尊崇的地理学家和旅行家，在《徐霞客游记》这部被后人称为"一则以日记体为主的地理著作"中，我们几乎能在所有的篇章中找到建筑的身影。比如他在去太和山（即武当山）的游记中，记录了"山坞之中，居庐相望，沿流稻畦，高下鳞次"的乡村即景；记录了均州静乐宫"当州之中，踞城之半，规制宏整"的宏伟规制；记录了迎恩宫"有碑大书'第一山'三字，乃米襄阳即宋代著名书画家米芾笔，书法飞动，当亦第一"的文化遗迹；记录了武当山金顶"中奉玄帝及四将，炉案俱具，悉以金为之"的布局方式和铜建筑做法……再比如他去恒山，因为感叹于悬空寺"层楼高悬，曲榭斜倚，望之如蜃"的建筑效果，从而"仰之神飞，鼓勇独登"，尔后对悬空寺进行了"崖既岌削，为天下巨观，而寺之点缀，兼能尽胜"的赞扬[1,2]。

从地理学科来说，徐霞客的记录似乎映射出自然地理和人文地理有机不可分割的关系；而从旅游角度来看，自然旅游和文化旅游同样是旅游体验中难以截然孤立的过程。这其中，建筑作为一种特殊的在自然中人工建造的功能空间或景观标志，成为联系自然和人文的、具有具体功能和美学意义的场景。这种具有建筑场景的存在，就像许多传统中国画中描摹的那样，高山流水间一处隐庐，雄浑的自然包容了闲适的心灵，具有点睛和共鸣的作用（图1、图2）。

一般而言，这些建筑场景所折射出来的，是某种"文化"的存在，若其背景因素源于许多人或整个地方的集体意识，那么这样的建筑就代表的

花样人传花样诗

生不止酒

烟回径转

图1 石涛山水画中的建筑与自然

图片来源：汇图网授权图片

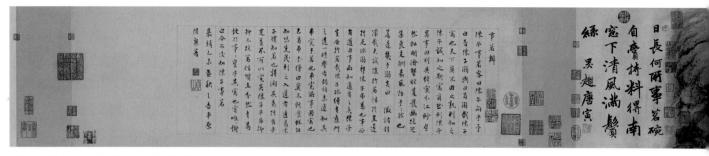

图2 唐寅山水画中的建筑与自然（《事茗图》）

图3 水乡古街的建筑体现了独特的水乡文化

图片来源：摄图网

是这个地方的地域文化（图3）；如果其促成因素来自于具体人物的思想，那么这就是某种具有启发性的个性文化的呈现（图4）。

黑格尔曾经说过："建筑是对一些没有生命的自然物质进行加工，使它与人的心灵结成血肉姻缘，成为一种外部的艺术世界。建筑不仅仅是简单的土木制造，它同时还是美的创造，是意境的展现，是文化的结晶" [3]。当人们对常规建筑似乎已经熟视无睹的时候，在旅游的叙事环境下，建筑与美、意境和文化的连接成了建筑阐述美学的最佳途径。

时代发展到今天，随着旅游已经逐渐由少数人的行为，成为人们日益增长的美好生活需要的部分，旅游和建筑之间有了更为密切的关联：从旅游产业的发展和为旅客提供服务的角度来讲，为了更加高质量且便捷地服务于各种旅游过程的需要，旅游类的基础设施和服务设施不可缺少。各类宾馆酒店、餐饮服务、景区交通运输、娱乐购物等类型的建筑成为在

图4 绍兴青藤书屋展现了主人徐渭的艺术思想

旅游过程中必然会接触的东西；而从旅游的目的来看，很多人的旅游目标本身就是与建筑息息相关的，比如古村、古镇、历史文化街区、各种文化场所等。在我国的旅游资源分类表中，其中的E类遗址遗迹和F类建筑与设施中，就列出了9大项61小项与建筑相关的内容。这些建筑本身承载了人

们在旅游中对历史文化和艺术的学习和探索的行为，因此日益成为许多旅游者趋之若鹜的选择。

归纳一下：建筑旅游（architectural tourism）是指以观赏和体验建筑、通过建筑探求历史与文化为目标的旅游行为方式；而旅游建筑（tourism architecture），则包含了两种类型：一

种是为旅游服务的建筑；另一种是吸引人们进行建筑旅游的那些成为吸引物的建筑——不管那些建筑是古建筑还是现代建筑，或者是其他与旅游并不直接相关的功能建筑。

这里值得注意的有两点：第一，因为建筑本身通过各种细节——材料、工艺、布局、装饰……承载了一个

图5 阿那亚的"孤独图书馆"

图片来源：摄图网

时代和地方的历史、技术、工艺、环境等信息；同时，很多软性文化内容，如风俗、信仰、审美等，也是借助了建筑这一空间才比较清晰地表达出来的。所以，一般而言，文化旅游更是离不开建筑，建筑本身就是文化的最大载体。第二，从旅游体验来看，上面与建筑相关的各种软性和硬性的因素融合在一起的整体，构成了人们体验的全部系统，因此，对于"建筑"的认知，不能简单机械地割裂出建筑物单体来孤立看待，而更需要从"广义建筑学"角度进行思考。建筑的大环境、景观、室内等相关要素，都将与建筑群落和建筑单体一起，成为广义旅游建筑体系中的重要内容。

2 建筑设计创造旅游价值

既然建筑可以成为旅游吸引物、人们可以为建筑而旅游，那么从逻辑上说，如果建筑能够通过设计创造出独特的吸引力，就有希望成为人们旅游的目标。而事实也是如此。尤其在当前的互联网时代，设计的吸引力会转化成流量，成为人们旅游的选择。或者可以说，设计带动了互联网的关注，从而促进旅游发展。

在河北北戴河阿那亚的沙滩上，建筑师董功设计的"孤独图书馆"经过"一条"公众号的传播，迅速成了网红。2015年5月开馆之后，最高日人流量达3000人次，游客们趋之若鹜赶来的目的，并不是去一个普通的图书馆阅读或借书，他们是冲着这个房子而来，希望在这个特别的场景中体验一下与"读书"这种文化活动与海的关联（图5）。而图书馆边上的海上礼堂，因其特有的"充满仪式感的文化艺术空间，社区音乐会、艺术展的举办地，精神沉思生活的场所，和阿那亚度假娱乐、社群生活三位一体，构成一个人完整的、充满意义感的生活方式"[4]，也同样成为人们到此旅游的必去景点（图6）。

无独有偶，加拿大纽芬兰的Fogo岛曾经是一个名不见经传的渔村，岛上的人们以捕鱼为生。因为环境的变迁、渔业的衰败和政府宣布的全面禁渔令，这里的产业宣告结束，小岛日渐凋零。一位出生在这个岛的女企业家思蒂·柯布（Zita Cobb）从美国硅谷回来，她选择了以创意建筑为开局的方式来复兴这座岛屿。于是，一系列基于这里独特地貌和创意设计的小房子应运而生。这些被命名为"Long Studio、Squish Studio、Bridge Studio、Tower Studio"的4个小建筑分别只有120m²、30m²、30m²、130m²，但这总共310m²的建筑却因为设计创造了惊人的吸引力。思蒂·柯布邀请了许多艺术家到这里体验和工作，这里的图片在互联网上到处传播，成功地把Fogo岛这片逐渐衰败的区域转化为富有艺术感和创造力的地方。此后，思蒂·柯布又进一步建设了岛上最具风格的度假酒店Fogo Island Inn，为人们提供了更好的度假空间。这个酒店后来被相关杂志评为"世界最美的酒店"（the world's best hotel），再次推动了岛上的旅游发展（图7）。这种模式被研

图6 阿那亚海上礼堂

图片来源：摄图网、汇图网授权图片

Long Studio

Squish Studio

Tower Studio

究者认为是"创造性颠覆"(creative destruction)的一种方法,通过这种模式可以让旅游业越来越成为一些地区多样化农村经济的可行选择[5]。

在荷兰鹿特丹,一个菜市场通过设计把日常生活中的功能空间变成了景点。这个鹿特丹Markthal菜市场是一个由周边的228套公寓环绕构成的大拱形的空间,建筑内拱面印着由艺术家阿尔诺·克嫩(Arno Coenen)和伊丽丝·罗丝坎姆(Iris Roskam)创作的"丰饶之角"(The Horn of Plenty)大型壁画,壁画面积达11000m²,是目前荷兰最大的艺术品。这个菜市场提供110余个摊位和商铺,平均每年吸引800万游客前来参观,一面世就受到媒体和大众的瞩目,成为鹿特丹享誉世界的新坐标(图8)。

事实上,建筑设计以及其他各类空间和平面设计,都开始在新时期的旅游中贡献出新的力量来。创意引领、场景营造成了当前建筑设计和旅游之间的桥梁。只要是通过富有想象力的创造,或是对现实环境和生产生活的挖掘和提炼,提供一种令人惊艳的场景,形成具有标识性的场所精神,并让其在互联网上形成热点,都会成为当下新兴旅游发展的引爆点。而具体建筑本身的功能可以是任何的内容,尺度也可以任意大小。

3 旅游导向型建筑设计(TOAD 模式)的途径

当建筑与旅游产生了如此深刻的互动关系,建筑的设计就有了更多的目标和内涵。目前,我国多数的教科书对建筑设计还停留在经济、

Bridge Studio

Fogo Island Inn

图7 加拿大纽芬兰Fogo岛上带动旅游发展的创意建筑

图片来源：http://saunders.no/

适用、美观的叙事逻辑时,旅游已经开始呼唤建筑设计真正提升到创造之中。在可能的情况下,通过设计来提供高品质服务、创造新体验方式、成为旅游吸引物,一种"创意设计导向型旅游发展"(Creative Design-Oriented Tourism Development)和"旅游导向型建筑设计"(Tourism-Oriented Architectural Design,笔者将其缩写为TOAD)的模式应运而生。通过设计,人们可以创造一种新的"设计型目的地"(Design Oriented Destination),除了满足功能上的需要之外,通过旅游获得项目的更多收益。

以笔者多年从事旅游建筑设计工作的感受,TOAD除了基础功能性和结构性满足之外,更高的目标是创造"体验"(experience)和"感动"(touching)。设计不仅要创造出一种惊艳视觉的产品,构想启发想象力的场景,还需要设计偶遇、设计新的生活方式、设计可以让人深度感知的自然力量,讲述令人动容的故事,或者,干脆让生活的人或游客成为风景。

3.1 以序列空间为设计出发点的思考

需要注意的是,不同于普通意义的功能性单体建筑设计,在旅游相关的设计中,策划、规划、建筑、景观、室内本身是需要整合在一起思考的。因为建筑、景观和其他方面的空间元素本身都是人们感知的环境的重要体验部分,完整而不可分割。"建筑中那种网织起来的体验并不仅仅是建筑物体的物理性、功能配置内容的实用性,也不仅仅是事件、事物和活动的场地,还是

Rick Ligthelm/摄

Paul Arps/摄

Sharon VanderKaay/摄

图8 荷兰鹿特丹Markthal市场
图片来源: https://www.flickr.com

Barbora Muzikant/摄

Joel Henry/摄

Raj Eiamworakul/摄

图9 澳大利亚莫纳谷沙滩体验大海力量的游泳池设计创造了勇敢者的游戏
图片来源：https://unsplash.com及 https://www.pexels.com

从空间、材料和细部的不断叠加展示中浮现出来的某种不可察觉的东西……时间的流逝、光影、透明性、色彩现象、肌理、细部，它们都参与到了建筑完整的体验当中去了"[6]。因此，旅游建筑的思考出发点，并不是割裂的单独场景，而是以空间序列体验为出发点的过程设计思维。

3.2 设计体验

今天，当人们的旅游方式逐步升级，通过设计创造出的"体验"变得意义重大。从旅游到游憩，从旅行到旅居，从游赏风景到体验生活……这些行为方式本来就是更高层次需要的产物，需要寻找某种生活梦想，具有理想主义的色彩，因此需要旅游行业提供更细致的服务和更具品质的体验。体验不好，勿论投资巨大、材料贵重、技术先进……在游客那里都是浮云。

某种意义上说，自媒体时代，产品为王，体验是核心。在旅游建筑的设计中，体验的重点包含了两个方面，一方面是视觉的惊艳，另一方面是生活的特殊体验。

视觉的惊艳是吸引互联网关注的重要元素，在信息爆炸而每个人时间有限的情况下，视觉是让人们愿意深入了解信息的重要途径。随着人们旅游的选择越来越多，每个地方和旅游的项目都需要为人们提供关注的理由。要知道，视觉是先入为主的印象，人们对一个项目品质和格调的认知基本上是从视觉开启的。需要专门强调的是，"惊艳"并不等同于前卫或刺激，惊艳是令人眼前一亮的美。

图10 意大利罗马万神殿的圆形光影　　　　　　Mathew Schwartz/摄

图11 日本安藤忠雄设计的光之教会　　　　　　图片来源: 作者提供

不同的那些美好, 尤其在跟自然的交流中, 需要设计者用心体会与捕捉才可能创造出来。

在澳大利亚的莫纳谷海滩 (Mona Vale), 一个设计在海浪中的特别游泳池成了这里独特的风景, 这里为游客特别提供的大海浪中戏水的体验, 是许多来此的游客一生都难忘的记忆 (图9)。

3.3 创造感动

如果我们将视觉所见、身体所感归纳为"体验"的话, 那么, 当人们的日常生活越来越忙碌和杂乱的时候, 在旅行的途中, 如果有一两个小的因素, 促使人从心灵中回归自我并从中获得体悟, 这便成就了设计中的"感动"。

彼得·卒姆托曾经这样表达建筑带来的感动: "当注视着那些自身平和的物体和建筑时, 知觉就变得安静和迟缓。观察到的对象对我们来说没有信息, 它们仅是简简单单地在那里。我们的知觉器官变得安静, 不带偏见。这种知觉超越了符号和象征, 它们是开放和通彻的, 好似可以从某种我们无法在其上集中意识的事物上看出什么。在这里, 在这种知觉的真空中, 一种记忆, 那种如同从时间的深处生发出来的记忆, 得以出现[7]。"

这种感动正如罗马万神庙随时间变化位置的圆形光圈、安藤忠雄"光的教会"中的十字光影、女建筑师玛丽娜·塔巴苏姆 (Marina Tabassum) 设计的达卡清真寺 (Bait Ur Rouf Mosque) 中神圣如繁星的光斑那样, 成为令人动容的场景和传世的经典 (图10~图12)。

生活的体验设计包含了在空间场景中人与自然的交流方式, 包含了旅游或旅居过程中人们行为方式的特殊引导, 也包含了特殊的专门设计的体验项目。这些体验的目的, 是为了让人们更好地在旅游中获得快乐、认知与启迪。旅游过程中需要感受到的、与日常生活截然

图12 孟加拉Marina Tabassum设计的达卡清真寺

Photo by Rajesh Vora /Aga Khan Trust for Culture

4 结语

建筑与旅游是分不开的。今天，当旅游日渐成为品质生活的一部分时，建筑成了旅游发展中非常重要的内容。我们相信，好的建筑是值得旅游的，好的设计是可以创造旅游价值的。

在旅游的环境下，建筑有了更好的条件彰显其空间环境的意义，除了服务的功能，建筑这个"凝固的音乐"，更需要展示美、给予人们特殊的体验，甚至上升到心灵的层面，成就传世的经典。

在这样的情况下，旅游对建筑设计的要求不再只是简单的功能需求，而是上升到美学高度，这从某种意义上也在呼唤高水平的建筑设计。有了旅游带来的品牌、产业和消费的支持，设计的价值不仅仅停留在功能上，而成了涉及旅游收益的重要部分。因此，建筑设计，乃至更宽泛的各类设计，都将成为旅游工作中必须极度重视的内容。期待越来越多以空间序列为出发点、能够创造特殊的体验价值和心灵感动的设计，在未来的大旅游发展中起到越来越大的作用。

参考文献

[1]徐霞客. 游太和山日记[M]//徐弘祖. 徐霞客游记. 上海：上海古籍出版社，1987.

[2]徐霞客. 游恒山日记[M]//徐弘祖. 徐霞客游记. 上海：上海古籍出版社，1987.

[3]黑格尔. 美学（第一卷）[M]. 朱光潜，译. 北京：北京大学出版社，2017.

[4]阿那亚官方网站. 阿那亚海上礼堂[EB/OL]. http://www.aranya.cc/front/MarineAuditorium. php.

[5] J Rockett，D Ramsey. Resident perceptions of rural tourism development: the case of Fogo Island and Change Islands, Newfoundland，Canada[J]. Journal of Tourism & Cultural Change，2016，15(4)：1-20.

[6] Steven Holl，Juhani Pallasmaa，Alberto Perez-Gomez. Questions of Perception：Phenomenology of Architecture[M]. San Francisco：William Stout Publishers，2007.

[7]沈克宁. 建筑现象学（第二版）[M]. 北京：中国建筑工业出版社，2016.

建筑旅游文献综述
Architectural Tourism: A Literature Review

文 / 王　婷　吴必虎

【摘　要】

本文通过对建筑旅游的概念源起、关系内涵、研究内容进行文献综述，认为建筑旅游的研究内容主要集中在建筑设计与旅游规划、资源保护与开发利用、价值评价与竞争力分析、属性和时空分布特征四个方面。目前研究内容存在的问题有：缺乏对游客游览需求和旅游市场走向的分析，未能对建筑旅游吸引物进行明确的类型划分和分类指导，未能突出建筑旅游的独特性和个性化，同时建筑旅游需要更加多元化、多角度、多方位的研究视角。

【关键词】

建筑旅游；资源保护；价值评价；建筑设计；时空特征

【作者简介】

王　婷　北京大学城市与环境学院硕士研究生

吴必虎　通讯作者，北京大学教授，北京大学城市与环境学院旅游研究与规划中心主任

图1 西藏布达拉宫　　　　　　　　　　　　　　　　　　徐晓东/摄

随着我国旅游业的蓬勃发展，新型旅游形式和旅游吸引物不断涌现。尽管如此，建筑旅游作为一种由来已久的旅游形式，在新的时代背景下不断突显其重要特性。建筑作为旅游吸引物的主要内容之一，对于旅游业的持续性发展具有核心主导作用，值得旅游学者们进行深入系统的研究。本文通过对建筑旅游相关研究的文献梳理，希望能理清其属性特征、发展态势和研究重点，对明确建筑旅游的研究方向和实践走向起到借鉴作用。

建筑作为人类文明的表征，无论是原始社会的祭坛神庙，皇权统治的宫殿楼宇，还是近现代的洋房教堂和场馆大厦，都具有非常重要的旅游价值（图1）。建筑旅游的形式自古就有，随着时代的推进和城市的建设，相关研究不断增多。而对于建筑旅游的概念定义和系统研究，直到21世纪才不断明晰。

1 建筑旅游相关概念

浮士德（Frausto）和奥克曼（Ockman）在2002年组织了探讨旅游和建筑之间相互依存性的学术论坛，并提出了建筑旅游（Architourism）的概念[1]，认为建筑旅游是将建筑作为目的地的旅游[2]。奥克曼（Ockman）[3]等认为建筑旅游是将建成环境作为市场性目的地来吸引游客、投资和媒体关注的过程。在国内，董玉明在2007年提出"建筑旅游"的概念，即指在一定的社会经济条件下，以建筑为主景，以满足人们精神和物质需求为目的而进行的建筑游览、观光、参观、鉴赏和考察等活动所产生的现象和关系的总和[4]。随着人们对于"旅游"这一概念的更新和深化，建筑旅游的概念也不断融入体验互动和休闲享受的理念。其概念核心便是围绕着建筑这一旅游吸引物进行旅游活动。由此，进一步界定建筑旅游的核心吸引物成为明确相关概念的关键。

吴必虎等[5]在旅游资源分类体系中，在人文景系中的历史遗产景系和现代人文吸引物景系中涵盖了建筑类旅游资源。根据我国2003年《旅游资源分类、调查与评价》[6]中对我国旅游资源的划分，涉及的建筑旅游资源主要包括E（遗址遗迹）和F（建筑与设施）两大类，前者包括过去人类活动场所和社会经济文化活动遗址遗迹，后者包括综合人文旅游地、单体活动场馆、景观建筑与附属型建筑、居住地与社区归葬地、交通建筑和水工建筑。董玉明[7]将建筑旅游资源划分为古代建筑和现代建筑两大类，前者包括宫殿建筑、礼制建筑、陵墓建筑、民居建筑等13类，后者包括城市建筑、标志性建筑、仿古建筑等13类（图2）。从我国现在的建筑旅游相关文献来看，主要的研究对象集中在文物建筑、西洋建筑、故居类建筑、宗教建筑、乡土建筑等。

总体来看，建筑旅游的核心吸引物将古今中外的建筑辅助物、单体和建筑群均包括在内，因其内涵广泛、类型复杂，目前还未建立起被广泛认可的分类体系。现有学者主要的分类思路是将其按照建设时间进行整合划分，考虑是否能够从开发模式、旅游形式、空间分布等角度进行划分还未有相关研究。结合建筑旅游保护开发、价值评价、属性特征等内容对建筑旅游资源进行更为明确的类型划分，有助于推进建筑旅游的理论探索和实际应用，值得更为深入和广泛的研究。

2 旅游与建筑的关系

随着现代旅游业的不断发展和创新，建筑作为人类古老文明的标志之一受到了强烈的冲击，如何协调建筑和旅游之间的关系，如何通过旅游来促进建筑的持续发展，是新时代建筑旅游需要讨论的主要问题。

有学者认为建筑旅游提供了一个"以小见大"的旅行方式，因为它覆盖的地理单元更小，但是传达出的历史意义更深刻[8]。对特定建筑的欣赏使得人们更加广泛地参与到建成环境中；一些标志性建筑作为娱乐、教育甚至民族认同的场所，它们的影响延伸到建筑物以外的整个社区和城市[9]。侯辛[10]认为旅游为建筑引入了新的理念。尤其对于中国传统建筑，偏重形式美感而忽视本身功能布局，而作为建筑旅游的主体，建筑作为吸引物需要不断考虑与现代娱乐方式、大众休闲旅游和游客需求偏好结合，使得建筑成为现代度假产品的殿堂。同时，建筑设计不断从个人封闭的环境走向社会开放的系统，建筑旅游要求在建筑内部及周边创造适宜大众消费的环境和氛围，从而使得建筑旅游中的建筑更加"旅游化"。而从大的社会环境来看，旅游重塑的建筑及其相关产品造就了新的城市与城市景观。周希冉[11]从古城古镇的角度出发，认为在新时代体验式消费模式的驱使下，实现古宅建筑空间、环境和文化的营造成为新的难题，需要实现原本"老"方式对现代生活空间场所的满足。而旅游的融合和平衡，使得老宅古镇能够重新散发出生命力（图3）。

总体来看，旅游给建筑提出了新的挑战，也提供了新的机遇；建筑是旅游的核心资源之一，也是旅游的主要诠释对象。这种动态式的互构关系，来源于旅游产业的日新月异和现代生活的快速发展；建筑在原有的特定功能上，被旅游不断赋予新的特征和期许，以此来实现创新型发展。正

确理解新时代旅游产业下两者相互推动、相互融入的动态关系，对于把握建筑旅游的未来走向具有决定性作用。

3 建筑旅游研究内容

有关建筑旅游的相关研究，从建筑学诞生，不断朝着旅游学的方向生长，大多依托旅游学这个大概念的体系框架，对其中某一类型的建筑进行旅游学研究。关于建筑旅游的研究从21世纪之后开始出现，近年来数量增多，但是总的研究并不多。主要的研究内容集中在四个方面，包括：建筑设计与旅游规划、资源保护与开发利用、价值评价与竞争力分析、属性和时空分布特征。总体来看与其他旅游类型的研究内容重叠性高，集中研究保护与开发利用、资源评价等方面，与此相关的研究内容占比较大，数量较多；独特的研究点主要是建筑旅游资源属性特征和时空分布，然而研究数量较少。

3.1 建筑设计与旅游规划

在21世纪初，现代建筑设计受到了旅游者的青睐，由此引发了学者们对建筑旅游的关注。最具有争议性的案例就是由弗兰克·盖里设计的古根海姆博物馆（图4），1997年于毕尔巴鄂建设完成并开放，由于在短短几年间该博物馆对当地旅游产业和经济发展的巨大贡献，建筑旅游在全国甚至全球都成为关注的焦点。受到"毕尔巴鄂效应"的激发，浮士德和奥克曼在2002年组织了探讨旅游和建筑之间相互依存性的学术论坛，并提出了建筑旅游（architourism）的概

图2 北京凤凰传媒中心 徐晓东/摄

图3 乌镇

图片来源：摄图网

念[12]，认为建筑旅游是将建筑作为目的地的旅游[13]。由此该领域受到学术界的关注，不同学科背景的学者提出不同观点，然而大多数同时期的文献都将重点放在了现代建筑旅游的内容上。肖（Shaw）[2]回顾了从1997年到2007年建筑旅游研究的发展历程，认为在旅游振兴城市中心区的过程中，建筑的角色和内涵不断深化，成为城市中心区振兴的重要因素。由此，建筑不仅影响了城市设计，同时成为城市文化景观的组成部分，得以从旅游的角度进行深入探索。厄里（Urry）[14]认为在当地旅游者凝视的重塑过程中，建筑师和建筑实践具有非常重要的作用。

建筑设计学的研究主要集中在类似拉斯维加斯的豪华酒店和亚洲历史悠久的酒店[15]，然而一些非标志性酒店建筑同样能够激发游客的文化感知，从而形成独特的旅游体验。麦金托什（McIntosh）[16]等认为，在新西兰游客更热衷于小规模的旅馆，因为游客从中体验到真实的新西兰生活方式，由此给建筑旅游的评价带来新的视角。建筑方法更加关注建筑的材质、规划师/建筑师的愿景与建筑样式的年代和传播。从现代的角度出发，人们不断重视"在空间中居住、工作和移动的人的角度来得到的建筑体验"[17]。借用文化地理的表述，这种转变是从将建筑作为作品（最终产出）向建筑作为运作的一部分（建筑的运营特性）[18]。这种互动主义方法在历史街区[19]、机场[20]、学校[21]、高层住宅[22]、高速公路[23]和私人建筑[24]等内容上都很常见。总的来说，这些研究强调了日常体验在地方形式和意义上的重要性。

从建筑设计与旅游规划的角度来看，需要更加个性化的实地调研、信息收集和规划设计，相关研究内容较少，需要纳入更多规划设计从业者的实践经验。黄继东[25]通过对民国建筑遗存保护现状以及合理开发利用的分析，勾勒出南京民国建筑旅游线路的规划，以此促进对民国建筑遗

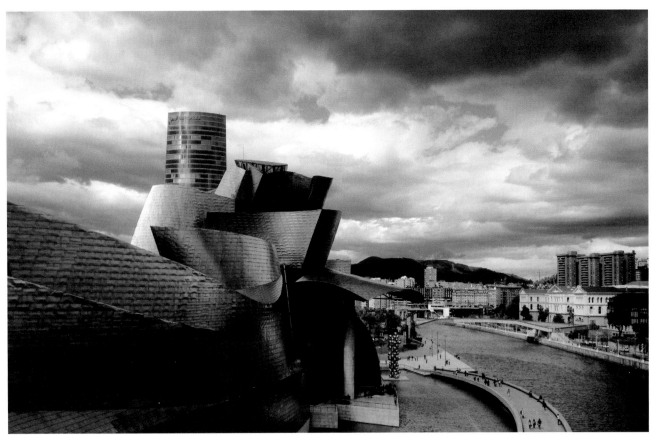

图4 西班牙古根海姆博物馆

存的进一步保护和适度利用, 弘扬南京地方历史文化。王镜[26]在洛阳关林东西跨院旅游规划中, 提出可以将跨院作为旅游文化的活化展示区, 营造交流、和谐、参与的高度旅游体验氛围。从生态活化、展示手段活化、参与性活动活化等方面继承和创新了跨院旅游功能, 为文物建筑旅游规划提供了新的思路。

现有文献关注建筑旅游的景观设计和规划思路内容不多, 更多地需要将其放置在景区、区域这些更大的环境背景下进行整体性分析。建筑作为旅游吸引物, 需要周边环境的营造和突显, 才能实现建筑价值的表征和呈现。如何处理好建筑本身和周围环境的关系, 不仅仅要从单体的设计来考虑, 更需要整体性组织和规划, 才能利用好"旅游"这一把利剑。

3.2 资源保护与开发利用

从资源保护与开发利用内容来看, 学者们探讨了建筑保护与开发、游客体验与感知、特定类型建筑保护策略、景点开发建议等内容。

麦克拉伦 (McLaren)[27]关注意大利殖民时期利比亚的建筑在当地旅游中的作用, 认为它们具有等同政治和文化的力量, 决定了游客的旅游体验; 同时, 当地的现代建筑以简化和抽象的设计形象与当地民居融为一体, 体现出文化遗产保护的意识, 但同时也是为游客提供的舞台化结果。张 (T.C. Chang)[28]关注历史性精品酒店在旅游中的作用, 从"生产者"的角度来看如何在历史性精品酒店中创造文化原真性的环境, 从"消费者"的角度来看他们如何从酒店中体验当地文化。坦布里奇 (Tunbridge)[29]提出建筑旅游是旅游发展的主要方向, 基于建筑史学、当代政治、文化和社会经济学的大学科背景探讨建筑旅游的发展和学科范式必不可少, 需要更多的研究来明确其概念内涵和研究体系架构。

在建筑旅游资源的保护与开发中, 部分学者提出了"绅士化审美"[30]的概念，即指一些中产阶级审美特征和外观形式的入侵使得建筑原本的样貌全非，难以从中传达古老的文化特征[31]。尤其在亚洲国家，城市保护通常由国家管理，但是传统民居或大规模重建产生破坏使得游客无法了解一个地方的历史，例如在普吉岛，可以追溯到1890年至1930年的锡采矿时代的店屋要么被现代公寓取代，要么完全转变为新的办公室和餐馆[32]。在马来西亚城市和新加坡，殖民时期的店屋在20世纪80年代~90年代提高租金控制后经历了大规模的适应性再利用。如今，这些建筑物许多都被办公室、生活方式商店、酒店和文化企业所占据[33]。这种旅游文化的侵蚀现象，使得人们开始反思建筑旅游。旅游应当被视为当地现实的构成，而不是一种虚无地影响人与景观的外部性[34]。正如当地艺术家、知识分子和非政府组织活动家在旅游实践中发挥的影响力，消除了传统上被视为"旅游"和"非旅游"领域之间的界限[35]。如何在旅游不断社会化的过程中保护当地的建筑资源，是需要深入探讨的问题。

沈瑜[36]认为在传统建筑的旅游开发过程中，首先要明确传统建筑旅游资源产权，区分不同情况并对其财产所有权及派生的相关权属在法律上予以明晰；在明确权属的基础上，探索所有权、管理权、经营权和监督权的分离与制衡是激活传统建筑旅游市场开发的必然选择；同时建立精确的分值制传统建筑价值评定体系，能够方便政府与开发部门对客流量、赏罚标准、产品定价、维护标准等做出更加贴近市场运行规律的界定，实现传统建筑旅游开发与保护

的双重目标。郑强[37]提出把体验化设计作为古建筑旅游产品开发项目的核心。刘金等[38]认为对历史风貌建筑旅游资源的开发与应用，应在解读城市文脉的基础上，结合现状条件，进行不同类型的保护。并据此将其开发应用模型分为原真型应用模式、风貌型应用模式、再现型应用模式和创新型应用模式四类（图5）。王晓芳等[39]提出以博物馆的理念进行黎黄陂路历史建筑的文物保护和旅游开发，从游客感知、旅游体验、居民和管理机构四个方面推进街区的旅游发展，实现历史建筑的特色旅游和可持续发展。于晓彤[40]提出乡土建筑保护内容包括空间性、差异性和历史性，保护原则包括整体保护、全面充分、分层次分重点保护、传承与创新。在开发过程中，应该以保护优先、政府主导，有节制地进行科学开发；从乡土建筑环境、人文历史和旅游产品三个方面的保护与开发来建立协调的发展关系。

其中，文物建筑的拆除和建设问题是学者们讨论的一个重要方面，尤其是在我国21世纪初的"人造景观热"之后，学者们开始关心文物建筑的原真性和保护性利用。李晋娜等[41]提出文物建筑保护与旅游开发合作的目标是要到达双赢，第一个层面是尝试文化产业与旅游产业的结合与互动，共同成为国民经济建设的新增长点；第二个层面是尝试文物建筑保护与文化旅游名胜建设有机结合。张伟强等[42]提出基于文物保护法规，符合文物保护和旅游开发不同利益需求的合作协调发展目标，并通过两个经过实践检验的真实案例予以说明，提出立足创新转变观

念，提高文物建筑效益；协调文物建筑保护与旅游开发的定位；警惕新的文物建筑"破坏潮"等三点思考建议。

总体来看，在建筑旅游资源保护与开发利用的研究内容中，学者们并未将建筑旅游作为一门学科进行解析，而是在旅游学这个大的学科背景下，探讨特定类型建筑的保护利用和旅游开发。由此难免产生和其他旅游产品内容探讨的同质性，难以突出建筑旅游其特殊内涵和属性。针对不同类型的建筑主体，主要的思路可以归纳为保护优先、明晰产权、适宜利用、分类制宜、网状布局、加强配套、重视体验。根据不同建筑的特色，需要制定不同的保护策略和开发模式；在保护原有建筑韵味的同时，融入现代化生活方式和消费化体验旅游形式，将建筑通过旅游进一步活化活用，达到两者互利共生。从研究思路上来看，多数研究从开发模式、战略政策等角度出发，较少从游客感知的角度提供建议；从研究尺度上来看，多数关注宏观层面的保护开发策略探究，较少从微观层面的个体需求提供建议；从研究方法上来看，多数采用具体案例具体分析的方式进行个案性研究，未从建筑旅游的整体发展角度提供可靠建议。

3.3 价值评价与竞争力分析

从价值评价与竞争力分析研究内容来看，主要包括建立价值评价体系和景点竞争力分析体系。刘昌均、赵成真等（YOO Cho,Byun）等[43]将旅游相关的建筑分为旅游资源建筑和旅游设施建筑，并通过层次分析

图5 西安小雁塔

法建立了建筑旅游资源的评价体系，包括历史、建筑、场所性、经济、社会共5个一级评价因素和18个二级评价因素，以此明确建筑旅游项目的发展方向。边京华、刘昌均（Byun，Yoo etc.）等[44]认为和城市空间、建筑相关的旅游研究包括四个方面：开发建设、分析评价、旅游资源保护和利用、旅游更新。其中，分析评价的研究内容最多；在资源保护利用方面，旅游项目发展、模型及数据库发展同等重要；旅游更新内容可以划分为管制管理和设计规划两个方面。

邱茂慧[45]尝试建立广东省岭南特色建筑旅游文化景点竞争力权重体系，并利用GIS技术获取相关数据，对5个富有岭南特色的旅游建筑景点进行分析评价。肖星[46]等尝试构建了中国近代西洋建筑旅游价值评价体系，将其分为建筑本体价值和旅游开发价值。其中建筑本体价值涵盖了历史、艺术、科学、文化、使用和情感六个方面，旅游开发价值则包括环境、保护现状和开发条件三个方面。具体又可进一步细分为29个指标。并通过广州和澳门的实证研究验证其合理性和科学性。总体来看，国内建筑旅游资源评价更加侧重特定地域、景区的实证分析，未能建立广泛认可、应用性强、操作性好的评价体系，量化思路也较为局限。江蓉生[47]在历史建筑相关研究

中提到，国内没有形成系统的理论与应用分析体系，现有的评价体系使用范围狭窄，对于历史建筑的综合评价缺少量化的体系。

由此可见，从建筑旅游这个更大尺度的学科背景下建立完善系统的评价体系值得更多的研究。这样的体系不仅要考虑地方的差异性，具有一定的灵活性和操作弹性，同时也要囊括建筑旅游的共性，可见这是一个极具挑战性的研究话题。

3.4 属性和时空分布特征

从属性和时空分布特征内容来看，相关文献出现在21世纪早期，并且研究数量很少。潘晟[48]对潮汕地

区的建筑旅游资源时空分布特征进行了研究,发现:在时间上,该区域的宋代建筑旅游资源存留至今者虽不丰富,但占有重要地位,明清时期的建筑遗存最为丰富,近代以来建筑旅游资源又相对较少。在空间上,该区域的建筑旅游资源整体上呈离散状态分布,在各地级市之间、各县级政区之间分布均衡。另一方面,国家级及省级文物保护单位的空间分布却具有显著的集聚特征。刘高勇等[49]对潮汕地区宗教建筑的特征进行总结,认为该地区佛教和基督教建筑存量最为丰富,其中佛教建筑不仅性状多样,而且因其所处地址的差异而造成了截然不同的宗教文化氛围。少数寺院还因其多教糅合的特色显著而具有了特别的意义。

从学科内容来看,关注建筑旅游的属性和时空分布特征,需要来自历史学、地理学等更多的交叉学科知识。对建筑旅游资源的分布特征进行研究,有助于明确不同地区的历史文化传承基脉,从而有助于明确不同地区特色的旅游市场开发策略,发掘建筑旅游资源的魅力和价值。从现有文献内容和数量来看,相关研究内容亟待加强。

4 总结与讨论

总体来看,有关建筑旅游的研究内容主要集中在资源保护与开发利用、价值评价与竞争力分析、建筑设计与旅游规划、属性和时空分布特征四个方面。有关资源保护与开发利用的研究内容最多,相关的政策建议较多;而后三者的研究占比较小,难以明确建筑旅游的特征和内涵,需要进一步深入探讨。学者们主要针对具体的建筑类型、区域景点进行个案化研究,需要加强从建筑旅游这个更大学科背景视角下的分析。从研究走向来看,进一步明确建筑和旅游的关系,加强旅游消费休闲体验环境下的建筑设计和景区规划,是未来研究的主要内容。与此同时,建筑旅游资源的保护和利用仍然得到广泛的关注。

结合上述分析来看,目前的建筑旅游研究内容可以从以下几个方面进一步加强:第一,现有的研究多集中于建筑旅游资源,缺乏对游客游览需求和旅游市场走向的分析,难以将现有的研究内容用于指导日新月异的旅游发展;第二,未能对建筑旅游吸引物进行明确的类型划分和分类指导,从研究对象上来看,主要集中在历史建筑、西洋建筑、传统民居等类型,对于近现代建筑的研究较少,例如工业建筑旅游活化等,相关内容未得到研究重视;第三,多数研究基于旅游学的大学科背景,未能突出建筑旅游的独特性和个性化,提出的政策建议过于泛化,难以起到切实可行的针对性作用,如果能够从建筑旅游的独特视角出发,不仅有助于旅游学科体系的丰富,同时能明确其实践意义和应用价值;第四,进一步加强与其他学科的知识共享,建筑旅游需要多角度、多方位的研究视角,例如结合地理学的空间分布、历史学的时间演变等,有助于明确建筑旅游的发展态势和未来走向,能够为建筑旅游的景观设计和旅游规划提供实用性建议。

参考文献

[1] Specht J. Architectural tourism: building for urban travel destinations [M]. Wiesbaden: Springer Gabler, 2014.

[2] Shaw G B C. Tourism by design: An analysis of architectural tourism and its influence on urban design from 1997 to 2007 [J]. Dissertations & Theses – Gradworks, 2008.

[3] Ockman J, Frausto S, Snyder B. Architourism: authentic, escapist, exotic, spectacular [M]. Prestel, 2005.

[4] 董玉明. 建筑旅游学 [M]. 青岛: 中国海洋大学出版社, 2007.

[5] 郭来喜, 吴必虎, 刘锋, 等. 中国旅游资源分类系统与类型评价 [J]. 地理学报, 2000 (03): 294-301.

[6] 中华人民共和国国家质量监督检验检疫总局. GB/T18972-2003旅游资源分类、调查与评价 [S]. 2003.

[7] 同 [4].

[8] Schwarzer M. Architecture and mass tourism [J]. Architourism: Authentic, Escapist, Exotic, Spectacular. Munich, Germany: Prestel, 2005: 12-31.

[9] Lasansky D M, McLaren B. Architecture and tourism: perception, performance and place (English ed.) [Z]. Berg Publishers, 2004.

[10] 侯辛. 城市建筑: 旅游乐章中的音符 [N]. 中国旅游报, 2003-11-14.

[11] 周希冉. 老宅: 古城与古镇的前世今生《时代建筑》"旅游度假酒店"高峰论坛江南站报道 [J]. 时代建筑, 2014 (04): 196-197.

[12] 同 [1].

[13] 同 [2].

[14] Urry J. The tourist gaze: leisure and travel in contemporary society: sites of memory, sites

of mourning: The Great War in European cultural history, 1990［C］.

［15］Cass J. Egypt on steroids: Luxor Las Vegas and postmodern orientalism［J］. Architecture and Tourism: Perception, Performance and Place. Oxford/New York: Berg, 2004.

［16］McIntosh A J, Siggs A. An exploration of the experiential nature of boutique accommodation［J］. Journal of Travel Research, 2005, 44（1）: 74-81.

［17］Llewellyn M. Polyvocalism and the public: 'doing' a critical historical geography of architecture［J］. Area, 2003, 35（3）: 264-270.

［18］Chang T C. Bungalows, mansions and shophouses: encounters in architourism［J］. Geoforum, 2010, 41（6）: 963-971.

［19］Goss J. The built environment and social theory: towards an architectural geography［J］. The Professional Geographer, 1988, 40（4）: 392-403.

［20］Adey P. Architectural geographies of the airport balcony: mobility, sensation and the theatre of flight［J］. Geografiska Annaler: Series B, Human Geography, 2008, 90（1）: 29-47.

［21］Kraftl P. Ecological architecture as performed art: Nant-y-Cwm Steiner school, Pembrokeshire［J］. Social & Cultural Geography, 2006, 7（6）: 927-948.

［22］Jacobs J M. A geography of big things［J］. Cultural geographies, 2006, 13（1）: 1-27.

［23］Robertson S. Visions of urban mobility: the Westway, London, England［J］. Cultural Geographies, 2007, 14（1）: 74-91.

［24］Jenkins L. Geography and architecture: 11, rue du conservatoire and the permeability of buildings［J］. Space and Culture, 2002, 5（3）: 222-236.

［25］黄继东. 开展民国建筑旅游, 丰富南京文化旅游内涵［J］. 南京晓庄学院学报, 2008（05）: 40-45.

［26］王镜. 文物建筑旅游规划的创新——以洛阳关林为例［J］. 科技经济市场, 2009（3）: 32-34.

［27］McLaren B. Architecture and tourism in Italian colonial Libya: an ambivalent modernism［M］. University of Washington press, 2006.

［28］Chang T C. Bungalows, mansions and shophouses: encounters in architourism［J］. Geoforum, 2010, 41（6）: 963-971.

［29］Tunbridge J E. Book review［J］. Tourism Management, 2006, 27（6）: 1414-1415.

［30］Jager M. Class definition and the esthetics of gentri-fication in Smith N and Williams P eds Gentrification of the city Unwin Hyman［Z］. London, 1986.

［31］Urry J. The Tourist Gaze（seconde ed.）［Z］. Londres: Sage, 2002.

［32］Thaitakoo D. Phuket: urban conservation versus tourism［J］. Cultural Identity and Urban Change in Southeast Asia: Interpretative Essays, 1994: 135-147.

［33］Chang T C, Teo P. The shophouse hotel: vernacular heritage in a creative city［J］. Urban Studies, 2009, 46（2）: 341-367.

［34］Gotham K F. Selling New Orleans to New Orleans: tourism authenticity and the construction of community identity［J］. Tourist Studies, 2007, 7（3）: 317-339.

［35］Adams K M. Tourism and ethnicity in insular Southeast Asia: eating, praying, loving and beyond［J］. Asian Journal of Tourism Research, 2016, 1（1）.

［36］沈瑜. 旅游市场开发与传统建筑保护新思考［J］. 特区经济, 2005（04）: 113-114.

［37］郑强. 基于古建筑特色可开发的旅游项目［J］. 时代教育（教育教学版）, 2009（8）: 29-30.

［38］刘金, 罗永泰. 历史风貌建筑旅游资源的开发与应用模式研究［J］. 城市, 2010（03）: 63-65.

［39］王晓芳, 冯俊强, 李雷霞, 等. 街头博物馆: 历史建筑旅游开发的新模式——以武汉市黎黄陂路为例［J］. 旅游研究, 2013（03）: 48-51.

［40］于晓彤. 基于生态旅游视角的乡土建筑保护与开发研究［J］. 建材与装饰, 2016（32）: 142-143.

［41］李晋娜. 文化遗产保护语境中的文物建筑旅游［J］. 文物世界, 2007（05）: 68-69.

［42］张伟强, 刘少和, 李秀斌. 文物建筑保护与旅游开发协调发展的实践与思考: 2006年文化遗产保护与旅游发展国际研讨会, 南京, 2007［C］.

［43］Yoo C, Cho S, Byun K. Derivation and significance of value indicators for architectural tourist attractions in architecture tourism program development［J］. 2015, 31（2）: 67-75.

［44］Byun K, YOOChangGeun, 이정림, et al. Characteristics on literatures of architecture and urban design related to tourism［J］. Journal of the Regional Association of Architectural Institute of Korea, 2014, 16（1）: 149-158.

［45］邱茂慧. 基于GIS的广东省岭南特色建筑旅游文化景点竞争力分析［J］. 安徽农业科学, 2010, 38（35）: 20180-20183.

［46］肖星, 钟燕森, 姚若颖. 中国近代西洋建筑的旅游价值评价体系与实证［J］. 经济地理, 2014（07）: 165-170.

［47］江荣生. 历史建筑旅游资源评价指标体系的构建及其实证研究［D］. 福建师范大学, 2009.

［48］潘晟, 齐学栋. 略论潮汕地区建筑旅游资源的时空特征［J］. 韩山师范学院学报, 2003（04）: 10-15.

［49］刘高勇, 齐学栋. 浅析潮汕宗教建筑旅游资源的总体特征［J］. 韩山师范学院学报, 2003（02）: 44-49.

场所精神："城市山林"之下的建筑诗书画

Genius Loci: the Application of Poems, Calligraphy and Painting in Urban Architecture

文 / 戚山山

【摘 要】

以传统山水画以及传统园林技艺为大背景，展开另一种建筑学背景下或者说是山水观法下的对于建筑语言本身和旅游这一社会性活动的思考。这里，建筑不单独指实体建筑本身，而是包括场地、景观、室内外、虚构空间等更为宏观的自然与社会的空间组织架构。透过分析中国传统文人价值观，探讨旅游、建筑、山水之间的关系，发掘生活美好和事物本质的思辨能力。

【关键词】

场所精神；诗书画；透明性；山水观法；建筑空间语言

【作者简介】

戚山山 STUDIO QI 建筑事务所创始人，哈佛大学建筑学硕士

注：**本文图片除标注外均由作者提供。**

1 关于旅游与诗书画

旅游作为一种文化性的高级行为，早在殷周时期就存在。东周时期"旅游"开始有了明确的范畴，并给予文化和艺术创作丰富的内容，具有极高的文化定义和价值，以此来区别于其他各种功利性的旅行。而当今旅游更作为一种普遍的社会现象，层出不穷的游览胜地被各个层面推向大众视野，促使各种短平快的"打卡式"的泛化旅游热潮出现。2018年，国家文化部与旅游局合并，仿佛又开始回归到那种自古以来旅游与文化两者之间相辅相成的关联与依托的状态。

"人类文明，先建美宅，稍迟营园。"

在中国文化史上，宋代是极为特殊的时代。统治阶级的思想意识形态倾向于儒家理学范畴。整体文化随着市镇经济的繁荣，展现出极为强大的文化创作力，并在科学技术文化和经济的双重推动下取得了尤为显著的成就，进而全社会的教育文化水平得以提升。宋代在国势上无法和汉唐时期相比，但边疆少数民族政权的存在，迫使宋代尤为强调以文治国、以求稳定的国家政治面貌。

真正从直观视角观山作画的画法，最早出现于五代时期，在北宋达到鼎盛。宋代三百余年的文治，造成文化中心整体南移，创造了多种艺术文物，尤以江南一带显著。宋代文化的全面繁荣形成了艺术文化空前发展的完美境地，种类丰，品质佳。这种大背景之下，宋人对山水艺术的造诣达到鼎盛状态，对于自然、社会的认知渐渐渗透成看待世界的一

种思维方式。山水画成为一种抽象的视觉语言机制，表达的是人与自然之间的各种认识，但又超越自然本身的具象（图1）。

图1 北宋王希孟《千里江山图》局部（全图1191.5×51.5厘米）　　　　　　　　　徐晓东/摄

山水在绘画中有着极为特殊的深意。绘画作为更高级的一种自我表现形式而出现。山水画并不是简单的风水画，也不是今天所谓的景观设计，而是一种带有鲜明态度和立场的世界性眼光，谓之"观法"。同时，它也是体现传统文人情趣的一种视觉艺术表现，一种看似矛盾的逻辑把这些文人的"看见"与"看不见"都在一张二维的纸上同时呈现，一种既在此处又不在此处的经验世界，跃然于纸上。

随着山水绘画的发展，形成了一种新的"格法"。绘画的文学性开始显露，看画亦如读诗。"诗中有画，画中有诗。"画卷本身蕴含有无限的叙事性，整体又透出画家所赋予的更高层次的意境。

山水画是一个精神性的场所，是思辨和哲理的过程与呈现。某种意义上来说山水画是另一种"游记"，将三维的游山玩水体验转换成记忆，再转译成二维的画卷。旅游在这时应该是一种文化的属性，单纯而非功利性。游人与审美对象（山水）之间一对一的关系中，游人本质上需要在景观（现象）知觉与审美心理（感知）结构上达到较高的社会文化层次和个性层次，观游的过程中带着一种自觉的认知。

2 造园的意境

在中国园林中，一个好的造园家必须是一个优秀的画家，而这与西方园林的情况完全不同[1]。在崇尚绘画与诗书的中国，园林更像是对山水画的三维解读和呈现。它作为建筑不再是简单的载体，承载的是更为宏观

的精神架构。园林的出现不是为大众嬉闹、娱乐提供一处场所，而是一种精致且思辨的艺术产物。

某种层面上来说，一座园林，即是一幅三维风景画，一幅写意山水画。山水画的鼎盛造就了江南园林。造园的意境并非矫饰迂腐，而是对江南山水肌理的自然转译。园林更像是一座由院、廊环绕的迷宫，映衬着造园者对于空间的哲理解读，绝非浅止于表象的感性体验。

园林中的植物、山、石、水、榭融合成巧妙的整体，是介于自然和人类创造的中介产物。自然的生命与律动有机地传动于建筑之间，使园林成为人类与自然之间普遍存在的一种深层对话。人可以在园林中漫步、对谈，发生一切带有文人色彩的事件。这种有趣的现象其实与山水绘画有着紧密的联系，无理性的逻辑和规则，但却具有超高的艺术美感。曲径①、沿廊、小桥皆是如此。

何为高山仰止，一如范宽《溪山行旅图》。从正面取势的堂堂大山为上部构图，像一道自然的山林屏障从天而降。墨痕绵密地勾勒出山体巍峨的形象。对比细密的瀑布，直落千仞，隐落在山脚形成一片空蒙。林泉烟云之间是一队行旅牵马而来，蹄声阵阵，踏着溪水潺潺。人声影绰，远址仙山和楼下市井都在同一画幅中出现。画中景是宇宙视角之下的呈现，是自然与我们的外在客观存在。这方面，园林和山水绘画有着如出一辙的相似，或者说是一种文化性的根基显现（图2）。

完全不同的场所和状态，同时发生，同时出现。这是中国传统文人看世界的方式。园林中的山水观法

其实是一场"思"与"景"的相互协调与映射。长廊、窄门、曲径并非从大众娱乐出发，台阶、小桥、假山也不是为逗趣儿童而设。游人赏园不是直接地穿越，是带着自我的认知在其间漫步。园中的廊、墙、树、景都具有空间引导性，暗示着人在不同场所时事件的发生。

园林以传统的"旅游"方式介入到城市山林中。熙攘的城市中突然出现一处安静的地方，远离喧嚣，自然是一件令人高兴的事。然则，纵观当下大部分园中游人，多在导游的引领之下匆匆穿行，视为"无体验和被告知"——对园林认知的获取多半来自于导游的讲稿和固定化的热门游览路线，脱离了园林本有的"观游"。游人与园林之间不再是一对一的关系，而是游人—导游—园林三者的系统。遗憾的是，在这种三角关系中，因为缺乏一条被尊重的"时间线索"，游人失去了自我体验、认知的机会，园林的文化性也被虚于浅表的"游览介绍"所掩盖。

3 透明性与场所精神

"曲折尽致"是对园林的总体结构理解[2]。园林作为一种"自然形态"的建筑学，本质上是对自然形态的生长模拟。从小的局部开始，亦如山水作画的过程[3]。这些局部的建筑小品好比是书法中笔画的结构。如果没有这些串联园林整体的"小品"，只是单纯地玩曲折是无意义的。散乱的一堆元素堆砌，就不可称之为园林。建筑小品与自然、人之间并无直接关联与互动。

园林本质上是一处隐居静思的

地方，对各种技艺的展现并不过度直白。这点上园林中的墙扮演着重要的角色。常以高墙围合成院宅，存在于城市空间中，像是一种异于城市独立的幻境，但同时又是客观存在。透过园林可以观城市，也可观园内。它以墙掩藏内秀，而以门洞花格后的一瞥以召唤游人[4]。不同的观法和视角有着不同的叙事，但相同的是对熟悉的世界和生活最为直白的细微观察。这是一种观世的情趣。不知"情趣"，休论造园[5]。一片好的园子、好的建筑，首先就是一种观照事物的情趣，一种能在意料不到之处看到自然的"道理"的轻快视野。我忽然看到一种"虚无"的世界情态，这种情态是园林所特有的山水精神，一种画意之下的特殊世界。园林有一种山水的透明性，山石与人并非主客体对立存在，是共同构建的生存空间，它暗示着人们对不同空间位置的同时感知。在透明性的空间中，人们可以感受到不同位置空间的同时存在。事物发生的过程相互交织并同时存在，空间也是"共时性"的，这是另外一种维度的透明性。透明性使得空间从明确的限定中解救出来，获得某种认知上的自由。

一条线可以看出不同的界面，看到不同的世界。

我们都夹杂在一个看得见和更多是看不见的世界里。这是我想探讨的关于"虚无"的建筑空间，是对于"2.5维"的思考。标准的建筑二维或三维表现，是意识或经验层面上的假象。我们身处的空间、目光穿越过的空间、最后注意力落到的空间，还有空间之间有形却无形的对话，这些无直接关联的空间发

图2 北宋范宽《溪山行旅图》绢本笔墨（103.3X206.3厘米）

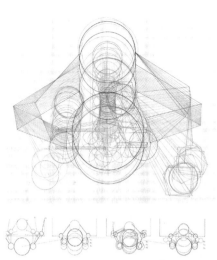

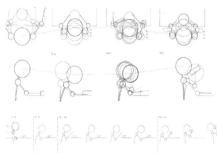

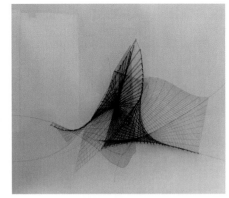

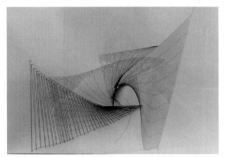

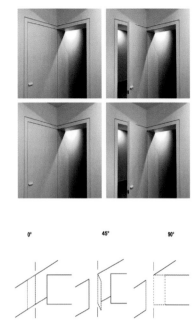

实验 01："另"事件 |SEQUENCE+SERIES + 关于事件的透明性
（第一次记录事件的空间性）

实验 02："另"事件 |PERFORMATIVE SPACE + 关于空间表演性和记忆
（第一次记录空间的事件性）

实验 03："门"的边界 |ONE DOOR ONLY + 关于空间界线的定义
（第一次记录界线的事件性）

图3　"2.5维"3次试验

生了关系，它们叠加、缩小和放大，串成了时间维度上印象和记忆中不存在于现实的真实空间，这是 2.5 维看世界的姿态。通过一系列生活的试验尝试各种微弱的空间界限，感知生活的本质，这是"2.5维"给出的一种启示。这种不明确的记录方式，在规则普遍的世界中衍生出一种混沌、交织的状态，映射出"空无"（图3）。

半个世界以来，小津安二郎专注于反映最为普通的日常生活。他将摄影机位距离地面仅三英尺，与坐在榻榻米上的演员持平，这是一种非常适合拍摄的日式居室的生活场景。乍一看来，他的电影并没有宏观博大的历史或者哲学思考，而是着眼于饮食男女的家庭琐事。但从另一角度来

看，这是一种致力于刻画微观细腻的世界，还原一种"虚无"的画意世界，投射出生活本身的场所精神性。他用一种微弱的电影刻画手段，记录种种充满微妙张力的生活。他认为去中心化的刻画，基于偶然性和场景性、任何事情都可以发生，任何脆弱、微妙的变化都可以改变剧情的发展。就某一层面来说，小津是一个很好的观世者，有着自己观察世界和生活的情趣。

生活是一种情趣，而旅游是这种情趣的必需品。旅游作为一种短期的特殊生活方式，不再是简单的两点一线行为活动。异地性、业余性和享受性使它区别于其他传统的生活方式。因而，民宿不会孤立出现，"衣

食住行"缺一不可。而建筑是构建自然、社会与人之间的桥梁与通道，通过建筑可以更好地观察世界。某种意义上，旅游投射出的是建筑所赋予的场所性精神。

4 空间界限与营造的视野

基本建筑观下，对于空间的感知我们多是自觉保持一种以小观大、由内而外的视野。在透视法之下的方正建筑空间内，多道界限将建筑逐级切分成尺度多重、不连续的小场所。各场所之间开始产生自我对话与叙事，但整体却并未突破传统的方块或线性，界限无意中阻隔了建筑与自然之间的互动对话。

园林、山水与建筑、界限，从宏观层面上来说有着最为密切的关联。园林中曲折营造的视野，投射的是每一帧入世的山水画。园林常常以高墙封之，园内墙少直行，或曲折波转，或于亭侧山边，可以自然的弧线而止，也可继续屏山而行。这里，墙并非简单地定义界限，而是一种空间的归属。人在曲折、串联的空间内部不断切换，每一次都是对某一处空间的正面感知。空间方正又灵动，人沉涵入画。重返山野，一方面是直接进入山野的直观，另一方面，是对山水绘画图像文本的追踪，因为在图像文本里，记录了对山水观法的探究[6]。

山，有不同形势，高低重叠。

浙江莫干山里藏着一座民国的建筑——颐园（2000年由民宿界鼻祖夏雨清开启莫干山第一家民宿，2018年设计翻新）（图4）。流动的云雾在半山蔓延盘桓，空气中弥漫着金桂的香气，石阶上落着绯红的枫叶，而颐园就隐在雨雾与古树之中，斑驳间显出点点建筑外墙。小径依山，拾阶而上，远处影影绰绰的人声，被山林层层过滤，像是悠远历史的画外音。颐园自身建筑的存在性极强，而它的存在性体现在与场地、历史、文化的融洽和呼应。顺着竹林掩映的长阶往下走，才能看到颐园的建筑主体。阔绰的穿廊贯穿整体，建筑立面融于山色间。廊前的平台一直蔓延到山崖，门前高大的野茶树是整个春天最美的建筑外立面。千百朵复瓣的山茶花，烂漫的花枝伸向露台和屋脊，建筑从地上一直延伸至苍穹。

在建筑与语言的领域中，历史呈现的过程不是静态的结果，而是一种活动的段落化叙事。城市中不同历史阶段的历史建筑遗存都是等价的，是各自特定范围内的独立完成，带有对生活特有的欲望和针对性。颐园，又名颐居，据说是潘汉年兄长潘梓彝在莫干山的别业。整座建筑外墙用粗粝的毛石裹挟，抱山而建，基座恰巧立于剑池最高处。斯地距剑池仅有几十米之遥，居高临下，有醒目的牌楼和旧时的拱门。所有慕名来莫干山游玩的文人雅士都希望来颐园一住；而所有来过颐园的人，都说风水奇佳，恍若仙境。

图4 莫干山颐园

颐园建筑本身有一种自内散发的气韵——朴拙、平和、寡言、温柔之下是稳重而富有朝气。建筑要有建筑的文脉。颐园具有这样的文脉继承，而不孤立。事物发生的过程中新旧共存、交织，建筑继承了历史的共时。整个颐园的设计过程，是一次对于建筑自身文脉的梳理，恢复它自有的视野与历史叙事。颐园的"历史性"，并不是用一堆复古的旧物件强化表象的"民国范"。表象的解读是对"历史"现象的直接认识，只是还原一种跨时空的"民国现象"，而非设计。颐园不需要过多的设计和堆砌。它虽属民国建筑，但无需像一个虚构空间那样去刻意打造成"民国戏院"，而是以一种舒适惬意的状态引出建筑内里的历史感。

图5 莫干山颐园"千里江山"分析图

颐园的设计思维是消解固有的对于历史建筑的理解和默认模式，用山水的观法直接辩证地讨论"身体"和"对象"的互动。一般我们习惯将空间完全独立划分为某种单一功能区域，而颐园却是让空间中的每一处角落去自然营造氛围。它没有用过多的辅助语言去修饰，也没有各种令人咋舌的设计点刻意吸引眼球，自然而然流露出的是斑驳的历史记忆和建筑本身的烟火气。颐园，自身的建筑文脉，随时都可以带人进入一种读书、读景、读人生的状态（图5）。

颐园像极了一部历史剖面的组成剧本，上演着无数精彩的故事。同一时间不同的人在建筑内部演绎着属于自己的戏码，各种场景交织、状态共存。这里，颐园不是所指的被搭建的

图6 秦岭·宿集整体鸟瞰效果图

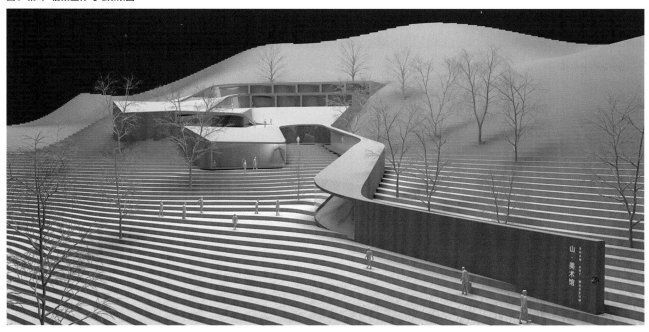

图7 秦岭·宿集 山·美术馆模型效果图

舞台幻境，而是剧本本身。所以，它无需仿古的装饰或做旧的新物，而事件本身已经在续写自己的历史。

"秦岭·宿集"基地位于陕西留坝，地处陕西省西南部，秦岭南麓，素有"秦汉咽喉"之称。作为"秦岭·宿集"的总规划师和建筑师，不但结合壮美的自然山貌和丰富的舒适居住体验，还置入了层层文化性和精神性空间。其中，山·美术馆以生活与精神定义为原型，延续自然地貌，将建筑空间动势衍生。建筑整体以秦岭褶皱地貌为动势原型，依据山势确定整体几何结构线顺势而起，利用场地高差逐层加入平台系统。功能流线依附空间动势，垂直维度逐级往上从山脚文创接待区攀升至山腰美术馆，最后至山顶酒店。在这里，山·美术馆不单是载体，承载的是更为宏观的精神架构。人在建筑内部、建筑之间穿行，实际上是还原一种山间行旅的状态。山林在风中颤动，叠山而势，建筑不再是很强烈的体量介于人与自然之间，反而

图8 宁夏中卫飞蔦集 效果图

是化成自然山麓的一部分,叠嶂层峦。不论见山还是不见山都是带着一种直接的山水观法感知世界,只有空间、人、自然同时出现时,建筑才是完整。空间被一种场所、气氛所代替,但不是完全的替代,是交织着,创造出新的空间秩序,有新的旧的、远的近的、内的外的(图6、图7)。

高山流水,游山过后,必有水。宁夏中卫飞蔦集(高端民宿品牌)的场地坐落在黄河边,有着最为明显的地域特性,可以片刻在地图上寻到这片绿洲。建筑的景观面正对的是广袤无垠的腾格里沙漠,隔着黄河相互对话。黄河像是一道隐形的"院墙",建筑和向内的果树林自成"园林"。事实上,如果将建筑与黄河、沙漠横向展开,一幅山水意向长卷就出现了。但还缺了一样东西——光,翻在芦苇滩上,从沙漠中透出来的中卫光芒。光与不同湿润度和密度的空气产生了叙事,一种微弱又特别的场景开始出现,中卫的建筑变得清澈通透,让人透过光看到不同的世界并与之对话。光成为另一种空间界限,微弱、清透。这种气氛下,建筑的轮廓和体量变得很轻,建筑自然地隐于山野间,渗透进自然场域,延伸至很远的地方,可以在这里寻到一种容纳万物的力量。全然不是所谓的建筑形体边界,也不是黄河边所谓的标志。这里,游山玩水,是另一种在更宏观范畴下的游园活动——建筑的边界已消失,只是在园中停留片刻的构筑物;而更远处在阳光笼罩下无垠的黄河才是院墙所在(图8)。

5 城市山林

建筑、自然、场域的融合,交织构建一种"城市山林"之下的建筑诗书画,从而在日益趋同的世界中挑战一种新的可能——一个模糊、复杂、重叠、交互的发现世界的过程。暗藏着的微妙的空间变化,是每个人都在面对与感知的日常。看得见是一种能力,一种山水观法,通过建筑,可以获得这种看得到事物美好、生活本真的能力。

真正弥足珍贵的旅行并不是到此一游(其实到此一游往往只是"到此",而不带"游"),而是让彼此更能关注美好和本真,邂逅丰厚的人生。而民宿更像是承载人、自然、生活的器皿,通过它可以帮助彼此带着一种直接的山水观法感知世界,一种对于传统文人精神的传承。每一次旅行都像是聆听一次"城市"的告白。民宿、艺术馆、书房等构建更好旅行生活的构筑物在流年岁月里闪耀着新生,似乎置身于此的人们都在体味着"山林"中那令人赏心悦目的美丽流转。

注释

①斯宾格勒(Oswald Spengler)在其《西方的没落》一书中,认为中国园林中的曲径与"道"有关。但道在中国古典中意为直进,或如孔子称"直道而行"。

参考文献

[1]童寯. 论园[M]. 北京:北京出版社,2016.
[2]童寯. 江南园林志[M]. 北京:中国建筑工业出版社,1984.
[3]王澍. 自然形态的叙事与几何——宁波博物馆创作笔记[J]. 时代建筑,2009(3):66–79.
[4]同[1].
[5]童寯. 东南园墅[M]. 北京:中国建筑工业出版社,1997.
[6]同[3].

南京牛首山佛顶宫 禅境大观

建筑旅游产品开发与体验

Architectural Tourism: Product Development and User Experience

徐晓东/摄

一代到三代：大型文化旅游产品设计的迭代创新

Iteration and Innovation of Major Cultural Tourism Complex Design

文 / 钱 健

【摘 要】

近年来文化旅游产品伴随着市场的迫切需求，迭代更新的速度越来越快。无锡灵山文化旅游集团作为行业中的领先企业之一，不断创新，诞生了一系列代表性产品。笔者以及圆直设计团队多年来持续参与了一些该企业的大型文化旅游项目的设计工作，试图通过自己的理解，以文化旅游产品第一代到第三代的发展视角来解读研究无锡灵山项目的衍变，以及近期在灵山集团主导的山东曲阜尼山圣境，陕西汉中兴汉胜境等项目中的创新和发展。

【关键词】

文化旅游；文旅综合体；灵山胜境；尼山圣境；产品设计

【作者简介】

钱 健 上海圆直建筑设计事务所有限公司创始人、主持建筑师

注: 本文图片除标注外均由作者提供。

图1 无锡灵山大佛　　　　　　　　　　　　　　　　　　　　　　　图片来源：摄图网

近年来文化旅游产业规模不断扩大，发展速度不断提升，同时也开始遭遇更大的问题：如何来开拓市场，规避风险，做出创新型的旅游项目？通过对大型文化旅游项目的大量实践和研究，笔者认为文化旅游产业从一代向三代发展是目前旅游产业发展的必由之路。

本文以江苏无锡灵山项目为例来分析文化旅游产品从一代到三代的演化过程，并以笔者近期在灵山集团主导的山东曲阜尼山圣境，以及陕西汉中兴汉胜境等项目中的实践为例，说明最新一代文化旅游产品在具体项目开发中的落实和发展。

1 无锡灵山项目的演化过程分析

1.1 第一代：营造旅游奇迹，引爆市场

无锡灵山胜境项目坐落于无锡马山，第一期工程是建造一座88米高的佛祖释迦牟尼像，成就了赵朴初先生所说的中国五方五佛的东方大佛（图1）。当时的灵山景区处于第一代即所谓的观光景点这一类。大佛景点吸引了大量的观光客，游客量已经达到一年100多万了。

接下去的几年灵山越来越意识到，仅依靠单一的旅游景点无法长期获得市场认可，面对更高的要求，灵山的办法是通过改进将这个佛教景区变成佛教文化旅游目的地。为应对这个课题，便产生了灵山第二代产品。

1.2 第二代：完善旅游配套，旅游亮点不断丰富

第二代产品是以不断丰富的景点核心产品加上特色的旅游服务配套作为主要产品构成，项目包括九龙灌浴、五印坛城等（图2），以及核心产品无锡灵山梵宫建筑（图3、图4）。灵山梵宫建成后召开了第二届世界佛教大会，继而又成为世界佛教论坛的永久会址，还举办了世界公益论坛等国际性会议。

梵宫是一个以佛教为题材的多功能艺术建筑综合体，它的内饰和外观

图2 无锡灵山五印坛城   徐晓东/摄

图3 无锡灵山梵宫   徐晓东/摄

以及震撼的会议、表演、餐饮等空间和艺术展陈形成了一系列亮点。二代产品使灵山的游客量从一年100万人次提升至300多万人次。更促成了其配套酒店的发展，包括灵山元一希尔顿酒店和灵山精舍（图5）。灵山精舍通过举行各类禅修活动，如今已经成为游客短期住宿与活动的特色酒店，在业内享有盛誉。

1.3 第三代：升级产品模式，从旅游观光演化为休闲度假目的地

近年来面对灵山景区所在的无锡马山半岛的整体发展要求，这个已相当成熟的旅游区如何进一步带动地区的旅游发展，怎样让游客更长时间地在这里度假，甚至成为常住客？灵山的第三代产品如何打造成为新的问题。

于是灵山创造了拈花湾，一个复合型的休闲旅游社区。这个创新型的第三代产品凝聚了居住物业、商业、酒店、主题活动等各类片区，有非常丰富而细分的业态分布，整体呈现的是一个唯美的小镇（图6）。拈花湾小镇突出的是禅意主题，一动一静都能感受到禅意的氛围。设计将文化规划和业态规划完全融合在一起。

1.4 小结

结合灵山的案例分析，究竟什么是文化旅游产业的三代产品？如何来划分？笔者进行了一个小结。

（1）所谓第一代产品是指单一的旅游景点，游客被吸引过来，愿意花钱买门票参观，获得不同于平日的感受。第一代产品的游客一般并不需要住下来，游客单向接受景点传递的文化信息比较多，看完就可以走，看过一次也不会吸引其多次游览。因为经营方式较少，

无法吸引游客进行更多的消费，更主要的是市场也对旅游产品提出了更高的要求，越来越多的游客不再满足于到此一游的游览方式，慢下来，住下来，深度体验成为旅游的新趋势，观光需要和度假方式相结合。

（2）是否能提供涵盖吃、住、行、游、购、娱旅游六要素的一体化服务，成为对旅游项目提出的新要求，也是第二代旅游产品的标志。这时项目的重点就是迎合游客的这些需求，让他们有必要住下来，白天晚上都有丰富

的内容设置，让人们吃得满意、住得舒适、游得尽兴、消费得愉悦。

（3）再成功的旅游目的地也只能吸引游客短期停留，从经营的角度来说收入仅限于旅游中的各类消费，于是就促成了新的第三代文化旅游产业模式的形成，将景区和村镇、城区进行一体化综合开发。

一方面景区能拉动新型城市乡村的发展，促进特色产业的开发，另一方面旅游型社区、园区、城区的发展也加大了旅游的外延，促进了区域旅

图4 无锡梵宫室内　　　　　　　　　　　　　　徐晓东/摄

图5 无锡灵山精舍　　　　　　　　　　　　　　　　　　　　　　　　**图片来源：由无锡灵山胜境景区提供**

图6 无锡拈花湾　　　　　　　　　　　　　　　　　　　　　　　　　　　　　　**徐晓东/摄**

游业的发展。这时区域所能提供的服务领域极为广阔，服务对象也不仅是游客也包括社区的居民、城区的市民等等，产业模式更为多元，更宏观，经济的拉动效应也更显著。生活方式成为旅游的内容，同时旅游也成为了一种生活方式，更多的区域文化得以彰显，以旅游为重要产业的特色乡村，城镇也不断涌现。

三代产品只是产业模式和项目规模上的区别，并没有层次高下上的区分，第三代产品往往以第一、第二代产品为组成要素。

2 第三代文化旅游项目的设计与落地

笔者以圆直设计近期参与的另两个灵山集团主导的第三代文化旅游项目为例进行分析。

2.1 山东曲阜尼山圣境文化旅游项目

尼山圣境文化旅游项目（以下简称"尼山项目"）位于山东曲阜，曲阜是孔子的故里，曲阜的尼山是孔子的出生地。

尼山项目的概念是如何将一个孔子的文化景点转化为儒家文化的修贤圣地。这是一个全新的课题，那么，到底通过怎样的产品来体现"世界的孔子、孔子的世界"这个概念呢？

项目沿着尼山孔子湖展开，首先对于原有景点进行强有力的提升，营造核心景区。如同灵山梵宫对于灵山景区的提升作用，旅游核心吸引物的建立非常重要。圆直设计团队进行了核心建筑——孔子像和尼山孔子大学堂（又名"儒宫"）的建筑设计工作。

图7 儒宫宫像区总平面图

图8 儒宫正立面人视图

图9 尼山书院酒店片区鸟瞰效果图

图10 尼山书院酒店

徐晓东/摄

其中尼山孔子大学堂是一个供游客参观、体验和举行各种典礼的场所，是一个容传统与现代于一身的大型建筑（图7，图8）。大学堂的室内气势恢宏，突出了传统礼乐文化的现代演绎，空间既具有传统精神又不乏让人震撼的创新点。

除大学堂等核心景区项目之外，尼山项目还规划有一些特色型的村落片区，其中之一是鲁源村。鲁源村在历史上是孔子父亲的出生地，但目前遗迹保留较少，未来的鲁源村将景区入口、商业区、度假物业，酒店片区等做了通盘的考虑，并且也是耕读文化的体验区。在尼山圣境，无论是酒店、度假物业都以山东民居风格建筑加以农田景观作为特色。例如已建成的尼山书院酒店片区（图9），它的石材墙体、二龙抬头的屋脊都具有尼山当地民居的一些特点（图10），并且大部分的石材采用了当地开采的石料。建筑的室内既充满地域文化色彩又非常时尚，符合度假旅游的新要求，并且通过一定的商业模式来使开发具有更高的商业价值。

2.2 陕西汉中汉文化博览园项目

陕西汉中的汉文化博览园项目，同样是第三代的文化旅游开发项目，与山东曲阜尼山项目将景区与村落相结合的规划有所不同，这里设计的是与新城区融为一体的景区。怎样把汉中的新城区转化成国家级的汉文化旅游度假胜地是面临的又一个课题。

该项目规划设计的特点是把城市的总体规划、产业规划和各设计单位所要做的旅游规划、文化规划、生态规划、社区规划完全地融合在一起。该项目的核心是整合提升了城

图11 汉博园北鸟瞰图

市公园成为汉文化博览园，并且结合水系将博览园的文化风情延伸到城市的各个片区。核心片区的重点项目汉文化博物馆，不仅具有旅游参观功能，而且把城市的会展功能、演艺中心功能、博物馆功能融合在一起。博览园的区位选择位于新城轴线中心，连接了城市CBD、汉方养身区、汉学产业区、汉艺展示区，奠定了城市的文化格局，也带动了城市各个片区的发展（图11）。

3 结语

通过参与灵山已建成的项目案例，笔者深刻体会到新一代的文化旅游项目对于业主牵头的设计团队提出了更高的要求。

第一是需要具备文化创新能力。每一个文化旅游项目都存在研究文化，把文化变成一个创意项目，然后形成一个创意热点这样一个过程，同

质化是没有出路的。

第二是需要具备设计整合能力。必须理解商业定位、规划、建筑、景观，以及文化研究、商业策划、艺术设计等各专业的设计工作，并且采用各合作单位同步设计、同步研究、同步论证这样一个协同设计方式。

第三是需要有良好的项目落地能力。所有的项目，不仅需要达到良好的完成度，更重要的是让游客能够获得全新的体验。并且通过设计的产品能令游客感动，让游客接受所传递的文化，然后传播文化，从文化的仰慕者变成文化的传播者，最终他会乐意在这里休闲度假甚至旅居。

在未来的若干年，将迎来中国旅游开发的最好时代，同时也可能是旅游资源浪费的最坏的时代。如何利用天时、地利、人和，促成旅游项目的不断升级换代，建成新型文化旅游精品项目是摆在广大从业人员面前最大的问题。

棕地修复与体验式工业旅游开发：以德国北杜伊斯堡公园和美国西雅图煤气厂公园为例

Brownfields Rehabilitation and Industrial Heritage Tourism Development : A Case Study of Landschaftspark Duisburg-Nord and Seattle Gas Work Park

文 / 秦跃磊 汪 芳

【摘要】

随着经济发展方式转变和城市化的快速推进，城市用地增长方式正在发生改变，以及旅游活动逐渐从传统观光型转向体验型，为城市废弃地的复兴提供了新的机遇。德国北杜伊斯堡公园和美国西雅图煤气厂公园正是在这样的背景下，通过规划和设计的手段，对原有场地内工业遗产保护和引入体验式活动，成为一个生态环境修复、功能多样、吸引力强的综合性城市公共空间和旅游目的地。本文通过对棕地修复和体验式工业旅游的研究，结合两大案例地，得到了面对工业遗产要明确主题、修复环境、保护工业遗产、增强旅游者体验的结论，希望在此基础上，为中国体验式工业旅游和美丽中国建设提供借鉴。

【关键词】

棕地修复；工业旅游；旅游体验；杜伊斯堡；西雅图

【作者简介】

秦跃磊 北京大学建筑与景观设计学院/中德科学中心NSFC-DFG城镇化与地方性合作小组研究生

汪 芳 通讯作者，北京大学建筑与景观设计学院教授，中德科学中心NSFC-DFG城镇化与地方性合作小组中方组长

注：本文图片除标注外均由中德科学中心NSFC-DFG城镇化与地方性合作小组提供。

1 引言

随着中国城市化的快速推进，产业结构不断调整升级，大量企业被关停或搬迁，城市及其周边区域出现了大量废弃用地。2017年，中国城镇化率达到58.52%，"城市用地的增长模式"逐步从最初的增量扩张转向城市更新[1]，如何充分利用城市建成区的废弃用地，成为当今城市的当务之急[2]。由于学界对工业遗产的关注，工业旅游也日益成为一种新的旅游方式[3]。城市棕地的修复，不仅仅可以改善城市受损的城市生态环境，还可以激活城市空间，为城市增添新的吸引点，也为城市工业旅游的发展提供重要支持。并且随着旅游活动的不断开展，旅游者在传统观光旅游的基础上，在游览过程中体验的需求不断增加，要求旅游产品体现体验这种属性。"体验式旅游"成为旅游业发展的一个增长点。故基于棕地修复的体验式工业旅游强调游客在享受工业旅游产品过程中，能够产生对生态、文化和历史的体验，获得难以忘却的回忆，让旅游地在提供体验的同时获得持续的发展机会和综合效益[4]。

本文以德国北杜伊斯堡公园和美国西雅图煤气厂公园为例，探讨欧美城市面临产业转型升级遗留的城市废弃地，经过景观设计的手法使其重新焕发生机，成为城市中重要的公共空间，并且成为城市工业旅游的重要吸引物。以期探讨城市棕地修复和体验式工业旅游开发设计结合的模式，为中国城市相关实践提供参考。

2 棕地修复与体验式工业旅游

2.1 棕地修复内涵与需求

20世纪中期以来，随着西方国家产业结构调整，大量工厂迁往郊外，在城市内部遗留了大量闲置的土地，这些土地被称为"棕地"（Brownfield）。这个概念最早出现在英国，将其定义为"已经开发、利用过的土地，这类土地上现有或者曾有构筑物"[5]，与绿地（Greenfields）概念相对。美国1980年颁布的环境法规则指出棕地是已经废弃或是受到污染的用地[6]。在加拿大，棕地被认为是已经受到污染

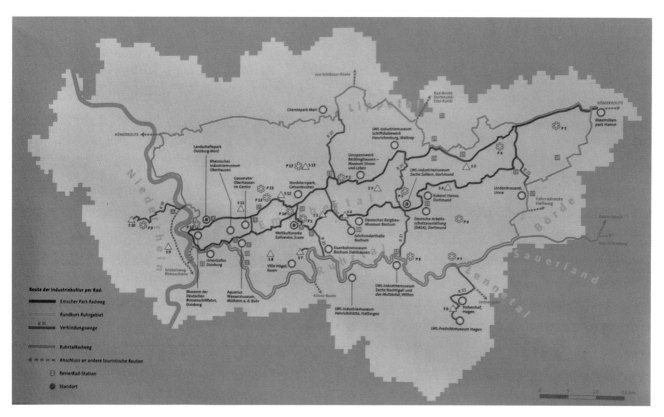

图1 北杜伊斯堡公园概况

图2　西雅图煤气厂公园平面图　　　　图片来源：Google Earth

升华；逃避是在旅游活动体验中，摆脱原有的角色；美感是指旅游者通过感觉和知觉感受景物，这种体验始终贯穿于旅游活动中；移情则是指旅游者在旅游活动中将自己置于想象中的对象，从而达到情感上的转变。这5种体验的结合，能够带来较为完整的旅游体验。目前，旅游体验研究主要集中在旅游体验的种类、层次、影响因素等方面。

3 案例分析

工业旅游内涵丰富，本文探讨的是工业遗产旅游。作为文化景观之一的工业遗产，是旅游地文化内涵的重要载体[16]。工业旅游历经了参观工厂领略生产的魅力，到"怀旧旅游"和"绿色生态旅游"的发展。有学者认为，"工业遗产旅游是生态环境修复与持续产业培育的最佳结合。[17]"如今，工业旅游的体验式发展已经包括了众多类型。其中，棕地修复和体验式工业旅游的开发成为旅游产业的一个重要发展方向。例如，德国北杜伊斯堡公园与美国西雅图煤气厂公园体验式旅游开发，不仅仅修复了该地区的生态环境，还带动了当地经济发展，为旅游者提供了独特的旅游体验。

3.1 案例地概况

北杜伊斯堡公园位于德国西部，介于莱茵河和鲁尔河之间，西雅图煤气厂公园位于美国西北部太平洋沿岸，均属于北半球中纬度区域；都在工业时代为当地的经济发展做出了较大贡献，随着产业结构调整，经历了衰落和复兴，通过棕地修复

或是疑似受到污染而被闲置，但具有开发潜力的工业用地[7]。中国直到2004年，棕地修复的问题才开始受到社会各界的关注，目前仍处于起步阶段[8]。对棕地的研究，不同国家与地区的认知各有不同。但是随着对环境质量的重视，在城市化发展水平较高的地方，棕地问题也越来越受到重视。虽然目前，关于棕地的概念尚未有统一的定义，但内涵基本包括如下方面：（1）"是已经经过开发利用的土地"[9]；（2）是目前处于闲置、废弃阶段的土地；（3）受到污染仍有开发潜力。面对城市人地关系危机，修复城市棕地，改善城市环境成为城市发展的当务之急。

2.2 体验式工业旅游内涵与需求

工业旅游内涵丰富，包括"工业观光旅游""矿业旅游""工业遗产旅游"等多个内容[10]。其中关于工业遗产旅游，有学者认为其起源于英国，即在荒废的工业遗址上，通过保

护和更新原有的构筑物等，将其改造为具有观光、旅游功能的新旅游方式[11]。随着"体验式旅游"成为旅游业发展的一个增长点，工业旅游的发展也越来越注重体验。所谓体验，就是企业通过其商品和服务，创造出一种让消费者印象深刻的活动[12]。体验反映的是客体对人产生的意义，而旅游体验则是"旅游活动对于主体价值的体现"[13]。也有学者认为，"体验是旅游的本质之一"[14]。

随着旅游活动的不断开展，旅游者对于旅游活动认识的进一步加深，在传统观光旅游的基础上，在游览过程中体验的需求不断增加，要求旅游产品体现出体验这种属性。有学者在吉尔摩"体验经济"基础上，提出了旅游体验的5种类型，包括："娱乐、教育、逃避、美感和移情"[15]。其中，娱乐是指旅游者通过感觉各种娱乐活动，得到愉悦自我的目的；教育是通过在游览过程中获得学习体验的同时，获得知识上的

实践发展变成了有较强吸引力的旅游目的地。

3.1.1 德国北杜伊斯堡公园概况

北杜伊斯堡公园坐落在德国杜伊斯堡市北部，位于德国鲁尔工业区（图1），总占地面积约230hm²。该区域曾是世界上最大的工业区之一，是德国的重要经济支柱。从20世纪60年代开始，随着产业结构升级，对于煤炭的需求量减少，该区域逐渐走向没落。工厂关闭后，内部的破损严重影响了城市形象[18]。1989年政府机构在一项房地产基金支持下购得该场地，然后市政府也调整规划，将其转化为公园用地[19]。按照彼得·拉兹设计事务所的设计方案，该区域成为棕地修复的经典案例[20]。1994年夏天，该园首次正式对外开放。北杜伊斯堡公园不仅为城市居民提供了充足的游憩空间，也成为游客感受鲁尔工业区辉煌与历史的重要场所，是重要的工业旅游目的地。

3.1.2 美国西雅图煤气厂公园概况

煤气厂公园位于西雅图联合湖北岸（图2），总面积约8hm²。该场地历史悠久，1900年由西雅图照明公司购买下联合湖北岸的岬角，其煤气厂于1906年正式运营。西雅图煤气公司在此修建了一个生产煤气的炼油厂，直到1956年，由于天然气的全面推广，炼油厂最终被关闭，其主要建筑物和工厂设施原封不动保留，此后该场地一直被作为普吉特海湾能源公司的仓储用地。该区域和市中心隔岸相对，景观位置极佳，由于几十年的污染，该区域生态环境遭到极大破坏。直到1962年，西雅图市政府通过收购程序，希望能够借生态环境整治，为城市提供公共的城市绿色空间，并委托Richard Hager设计事务所负责煤气厂的设计与改造[21,22]。西雅图煤气厂公园不仅仅成为一个标志性的"棕地"改造实践，还是工业遗产保护、开展工业旅游的重要尝试，促进了这个地块的复兴。

3.2 设计思路

北杜伊斯堡公园在项目进行之初，面临的最大问题是如何处理工厂遗留构筑物以及废弃材料，并且达到生态修复，为市民创造绿色空间的目的。彼得·拉茨没有选择把工厂遗留下来的货棚、厂房等视为垃圾，而是用艺术的手法和生态的原则将这些工厂的遗存，变为公园的基础设施。通过对钢铁厂遗存的利用，为旧景观注入了新的含义，也带来了新功能[23]。并且在公园内增添了诸多活动区域，经过设计，给这个区域注入了浓厚的工业文化氛围。游人在参观游览过程中，可以加强体验与参与感，成为重要的工业旅游目的地，衰败的老工业区从此得到了复兴。

西雅图煤气厂公园设计思路上运用生态规划的方法，将景观设计与生态学原则相结合，根据场地上现有的资源，运用场地原有的元素进行设计。保留原有的煤气化设备，使其成为公园的重要标志物和工业遗产，并且将原有的厂房进行改造，成为适应现代餐饮、休息需求的公园设施，在改善原有生态环境的同时，也体现了美国工业化进程的沧桑历史，促使人们加深对于工业遗产的认识。

3.2.1 保留工业遗产

整个北杜伊斯堡公园在规划设计过程中，十分注重工业遗产的保护，保留了大量的工业建筑物和构筑物。彼得·拉茨认为场地上遗存的各类工业设施，蕴含着独特的工业时代历史内涵以及工业美学特征，见证了人类工业文明的发展，所以他的设计极大地保留了场地上原有的工

图3 保存完整的工厂设施

图4 金属广场　　　　　　　　　　　　　　　　秦跃磊/摄

图5 煤气厂公园保存完整的工厂设施　　　　　　秦跃磊/摄

可以容纳近5000名游客在此集会。

　　整个西雅图煤气厂公园被设计为几个风格迥异的分区,其中包括:"北部盆地的大草地""南部滨水观景台""西部的人造土丘""斜坡区"和"由南向北的煤气厂设备遗址",以及北部有为此公园配备的"停车场"。由于公园内的各个功能分区特色不同,游客行进在这个公园中可以获得不同的体验。整个公园被精心设计,北部和城市相连的部分被浓密的雪松林隔开,保持了公园内良好的自然体验。在公园的西部则营造了地形的起伏,通过曲线式的道路将其联通,在公园内,尽兴之时便可爬上小山俯瞰公园内部和远眺城市中心以及联合湖。在公园的东侧则是南北排列的煤气厂设备遗址(图5),这也成为城市对与工业时代记忆的一部分。南部的滨水平台由于景观效果极佳,可以感受到联合湖的宽广,欣赏各种水上项目,并且吸引了众多的游客以城市中心为背景,在此拍照留念。由于公园内大部分面积为草坪,在美国独立纪念日,众多市民在这里聚会观看联合湖壮观的烟花秀。随着公园内表演活动、游戏活动的举办,煤气厂公园成为西雅图市民最喜欢的户外空间之一。

3.2.2 净化公园环境

　　"北杜伊斯堡公园位于埃姆舍河流域范围内"[24]。在河流两岸,工厂密布,其中埃姆舍河穿过公园的长度约为3km,工业废水等曾经直接排入河流,对流域环境造成破坏。所以,系统的水污染治理成为公园设计中极为重要的一步。在整个公园"水系统中有着众多的净化的过程"[25]。彼得·拉茨反对形式上"伪

业构筑物(图3)。并且在公园的许多重要位置布置展示牌,向公众展示工业生产流程。旅游者行进在公园里,通过遍布其中的工业遗产和展示牌,可以感受到工业时代独特的魅力,让旅游者了解到整个区域的前世今生。例如对冶铁高炉的完整保留,表现出对"工业"的敬意;对原

有的工业运输天桥加以改造,成为参观游览公园所必不可少的线路。除了对原有工业遗产的保存,彼得·拉茨还通过设计的方式强化这一概念。金属广场(图4)由7×7的49块铁板构成,每一块重达7吨,铁板表面并不光滑,水在钢板上的流动痕迹可以体现钢铁的制作过程。该广场

自然"的设计[26]，而是通过对地表水的净化然后排入净水渠。净水渠收集了大量的来自屋顶、街道的雨水（图6），避免了雨水与受污染的土壤直接接触。在净水渠两岸栽种了植被，并且设置了亲水平台以满足游人的需求（图7）。为了处理土壤污染，根据污染程度的不同采取不同的处理策略。例如在钢铁厂关闭之后，生长出来的适应本地环境的杂草，在设计中保留，让其始终发挥净化土壤的作用。在厂区及其周边形成的生境，成为诸多生物的栖息地。对于存在严重污染的区域，其中包含重金属等多种污染物质，则采用隔离的方式。将受污染的土壤用混凝土封闭，种植一些本地的乡土树种，以供游人远观，达到了阻碍污染物与人体接触的目的。对于污染低的建筑废料，则选择埋藏在地下，在上边种植植物，达到净化土壤的目的。通过对水源、土壤的净化为公园提供了一个良好的活动环境，游人在其中不仅能够领略工业遗产之美，并且整个公园的生态性也得到了展示，有助于激发游人对于环境的保护意识。

图6 公园内雨水收集渠

图7 公园内雨水净水渠

面对煤气厂公园土壤有二甲苯、环芳香烃等污染物遗留等问题，煤气厂公园的污染治理没有使用高成本的换土措施，而是利用生态学的原则，采用"隔离覆盖与原位修复"等治理策略[27]。通过分析土壤内的污染物质成分，引进能分解污染物的有机物质，以期以较低的成本和生态化的方式达到对公园的修复目的。同时在公园内西部有一座人造小山，由场地内拆除后遗留的混凝土堆成，高度约为14m，可以远眺城

市天际线（图8）。由于人造小山内部为建筑废料，所以在建筑废料上覆土之后，整个公园的"植被以草坪为主"[28]。

3.2.3 引入多种活动

在公园的设计过程中，除了对工业遗存的保护和环境改善的关注，彼得·拉茨还引进了多种活动以

增强游人的体验。使得公园集参观、集会、户外运动、演出、休闲娱乐和餐饮等诸多活动于一体。原有的工业构筑物发挥了新的功能，重新焕发了活力。例如，将原作为工厂储存原料的仓库（图9），改造为一个多功能的活动基地，能够在此进行攀岩、户外拓展等活动，成为一个吸引人

图8 煤气厂公园人造小山

秦跃磊/摄

的空间。在公园内，也引入了专门为儿童设计的滑梯，通过在混凝土墙壁上开洞，加入滑梯，在滑滑梯的同时，带来场景的变换，极大地吸引了儿童的参与。而且整个仓库区互相连通，不同仓库区引入不同的种植或是不同的设施，游客可以穿梭其中，感受迷宫的乐趣（图10）。除了可以在仓库区底部穿梭，还在顶部设计了空中步道（图11），在空中步道上不仅可以俯瞰仓库区的不同设计，观看公园全景，还可以体会公园柔美自然肌理和金属肌理的融合[29]，给人以深刻印象。在2号高炉的东侧，留存了原工厂巨大的煤气罐，设计将该煤气罐改造为一个人工潜水中心，极

受游客欢迎。在场地中心区的南侧，原工厂的中心动力站被改造为一个多功能的大厅，可以在此举办音乐会、大型展览。在1号、2号高炉的东北侧，有鼓风机房和泵房两个空间，如今鼓风机房已经变成了一个可以容纳500人的剧场，其中1号高炉的铸造车间也可以举办会议和演出活动。配电站成为游客服务中心和餐厅，游人可以在此领略地道的德国美食（图12）。不仅如此，相比于原来钢铁厂的萧瑟，如今北杜伊斯堡公园的夜晚也特别引人瞩目，由著名艺术家设计的灯光照明，使得公园在夜里也光彩绚丽。"公园夜景""休息娱乐活动"和"工业遗产"成为吸

引旅游者的亮点[30]。游人在参观公园的过程中，不仅可以看到工业遗产的完整保留和整个工厂环境的改善，而且整个公园的设计提供了众多可供游客参与的活动。旅游者在参观游览过程中，获得了难以忘怀的旅游体验，以及对工业文化的了解与加深。

整个煤气厂公园十分注重游客的体验，增加了众多的互动体验空间。在公园西部的小山顶上，有一个凹陷区，在这里，设计师格瑞林和拉泽尔设计了一个巨大的金属材质的日晷，日晷没有指针，只有通过游客的参加，以身体为指针，用游客身体的影子来指示时间，而日晷上的刻度则是以烟囱来表现时刻。在这个小山上，游客不仅可以看到风景优美的联合湖，更重要的是这样的体验可以更加让人加深对工业遗产的记忆。公园东部，原有的泵房和锅炉房被改造为服务于公园的基础设施——餐厅和游戏屋。内部的原有设施得到了极大的保留，改变了原有工厂单一的水泥灰色色调，增加了颜色鲜艳的壁画，吸引儿童。原有的水泥拱被排列在一起，有极好的透视效果，也成为游客体验该公园的一个重要区域。原有工业遗产的更新利用也让人体验到工业遗产和人的互动（图13）。在公园的南部，联合湖里的船只仍然川流不息，观光的水上飞机在湖中起落，容易让人想起煤气厂之前原料运输的繁忙，给游客以极深的体验。并且，遗留的生产设备，保留了工业时代沧桑的形态，在上面有现代的涂鸦，更容易让游客感受到工厂的气氛，而且工业遗产往往也由特定的文化符号所塑造[31]。

图9 公园内攀岩基地

图10 公园内仓库区

图11 公园内空中步道

图12 公园餐厅内部

4 经验与启示

随着中国城镇化进程不断推进和产业结构的不断调整与升级，如何修复和复兴遗留的棕地成为一个重要问题。随着旅游业在经济发展过程中的作用不断增强，棕地修复和体验式工业旅游开发的结合成为旅游产品体系的重要组成部分，对于改善城市环境、保护资源和环境、塑造城市旅游形象等方面将发挥重要作用。

4.1 明确主题

基于棕地修复的体验式工业旅游不同于传统的观光旅游，除了能使

旅游者愉悦身心之外，还能使其在参观游览的过程中获得对工业文化的了解与体会。主题明确的旅游活动能够唤起旅游者的共鸣，保持新鲜感，增强其旅游体验。北杜伊斯堡公园和西雅图煤气厂公园都保留了场地上原有的工业遗产，将原有的工业建筑物和构筑物改造为适应现代旅游需求的旅游产品，吸引了众多游客，是典型的工业遗产旅游。它们都是通过棕地修复的手段进行规划设计的，主题定位十分明确。中国近代工业早在鸦片战争之后就开始发展，经历了产业结构的调整，遗留下来的工业遗产则是中国工业化道路的见证。因此，在探索国内工业旅游产品的数目、类型的同

时，要明确其定位。这样才能在发展过程中，找到着力点。

4.2 改善环境

已经有研究表明，环境会影响人们对于旅游目的地的形象认知，进而影响潜在的旅游决策。因此，旅游目的地的环境成为影响游客旅游决策的一个重要因素。在20世纪末，工业旅游就被称为一种新兴的"绿色生态旅游"[32]。在北杜伊斯堡公园和西雅图煤气厂公园的案例中，两个公园的设计师都通过设计的手段，对雨水净化，利用生态学原理净化土壤，达到改善公园环境的目的。目前，众多工业遗产都面临着环境污染等严重问

图13 煤气厂公园游客活动点

秦跃磊/摄

题,在恢复其活力、开展工业旅游的过程中,净化场地内的污染,改善环境变得尤为重要。

4.3 保护式更新

北杜伊斯堡公园和西雅图煤气厂公园面对场地内遗留下来的工业遗产,都没有采取简单拆除的做法,而是将其充分保留,在保留的基础上进行更新应用。其中北杜伊斯堡公园将原有的储气罐改为人工潜水中心,将配电站改造为旅游接待中心和餐厅。西雅图煤气厂公园将锅炉房改造为餐厅和游戏屋,这些措施都很好地保护了工业遗产,并且使其重新焕发生机。在中国目前产业结构调整的过程中,对于工业遗产的保护和开发,是否简单地全部拆除,以及如何保护

和利用工业遗产,这些都值得去学习和探讨。

4.4 增强体验

随着旅游活动的不断开展,旅游者对于旅游活动需要更多的参与体验。旅游者是体验式旅游活动的主角,人"可以更为自由地表现或经历各种情感"[33]。北杜伊斯堡公园和西雅图煤气厂公园在改造过程中,都增强了旅游者的体验活动。北杜伊斯堡公园引入攀岩基地和儿童游乐设施,都极大地吸引了旅游者参与。在裸露着原有机器配件的餐厅中用餐,让旅游者对于工业遗产的印象更为深刻。西雅图煤气厂公园则设计了日晷,只有旅游者站在那里、参与进去才能感受到该设计的意义。在中国的体验式

工业旅游发展过程中,旅游线路的设计和旅游产品的开发都要注重旅游者的参与和体验。

棕地修复和体验式工业旅游的结合要在保护工业遗产、净化环境的前提下,不断地寻求新的创新点,持续吸引旅游者。使旅游者在参观游览过程中,不仅仅得到视觉上的感受,还可以得到身心的体验与满足,在旅游过程中实现身份转换,获取对于工业历史的记忆与学习。北杜伊斯堡公园与西雅图煤气厂公园无论在工业遗产的保护式更新还是生态环境修复经验方面,带给我们的启示不仅仅是眼下的修复与更新,还有在未来的持续发展。

致谢

NSFC-DFG城镇化与地方性合作小组(NSFC-DFG Sino-German Cooperation Group on Urbanization and Locality, UAL)，是经中国自然科学基金委员会NSFC、德国科学基金会DFG共同设立的中德科学中心资助批准，由北京大学、德国莱布尼兹汉诺威大学联合设立。此次参加调研的中方成员包括汪芳教授、李双成教授、吴必虎教授，研究生贺靖、林诗婷、秦跃磊、彭晓、李一溪、李嘉宁，为本研究提供照片。同时，德方组长Martin Prominski教授、成员、Rüdiger Prasse教授、Carl Herwarth von Bittenfeld教授及其团队，为本研究提供考察安排和素材收集。其中西雅图煤气厂照片由作者在"世界城市建筑与景观"课程考察中拍摄。

基金资助

中德双边合作研究项目(GZ1201，由中国国家自然科学基金委员会NSFC、德国科学基金会DFG共同设立的中德科学中心资助)

参考文献

[1]陈国伟. 城市更新中的棕地修复思考[J]. 江苏城市规划，2016(4)：44-45.

[2]王慧，江海燕，肖荣波，等. 城市棕地环境修复与再开发规划的国际经验[J]. 规划师，2017，33(3)：19-24.

[3]汪芳，刘鲁. 工业遗产体验式旅游开发设计思路的探讨[J]. 华中建筑，2009，27(3)：207-211.

[4]吴文智，庄志民. 体验经济时代下旅游产品的设计与创新——以古村落旅游产品体验化开发为例[J]. 旅游学刊，2003(6)：66-70.

[5]肖龙，侯景新，刘晓霞，等. 国外棕地研究进展[J]. 地域研究与开发，2015，34(2)：142-147.

[6] McCarthy L. The Brownfield dual land-use policy challenge: reducing barriers to private redevelopment while connecting reuse to broader community goals[J]. Land Use Policy, 2002, 19(4): 287-296.

[7] Nrtee T. Cleaning up the past, building the future: A national brownfield redevelopment strategy for Canada[M]. Ottawa: National Round Table, 2003.

[8]宋昕，林娜，殷鹏华. 中国污染场地修复现状及产业前景分析[J]. 土壤，2015，47(1)：1-7.

[9]肖龙，侯景新，刘晓霞，等. 国外棕地研究进展[J]. 地域研究与开发，2015，34(2)：142-147.

[10]董锁成，郭鹏. 国内外工业旅游研究进展[J]. 山西大学学报(哲学社会科学版)，2015，38(02)：137-144.

[11]李蕾蕾. 逆工业化与工业遗产旅游开发——德国鲁尔区的实践过程与开发模式[J]. 世界地理研究，2002(3)：57-65.

[12]约瑟夫·派恩，詹姆斯·吉尔摩. 体验经济[M]. 北京：机械工业出版社，2002.

[13]赵刘，程琦，周武忠. 现象学视角下旅游体验的本体描述与意向构造[J]. 旅游学刊，2013，28(10)：97-106.

[14]方雨，黄翔. 社会大众视角下的旅游本质研究——基于扎根理论分析方法[J]. 旅游研究，2017，9(4)：21-28.

[15]邹统钎，吴丽云. 旅游体验的本质、类型与塑造原则[J]. 旅游科学，2003(04)：7-10，41.

[16]王敏，江冰婷，朱竑. 基于视觉研究方法的工业遗产旅游地空间感知探讨：广州红专厂案例[J]. 旅游学刊，2017，32(10)：28-38.

[17]张金山，陈立平. 工业遗产旅游与美丽中国建设[J]. 旅游学刊，2016，31(10)：7-9.

[18]黄红春. 试论公园绿地规划设计中生态性原则与文化艺术的融合——解读德国北杜伊斯堡景观公园有感[J]. 美术教育研究，2015(8)：77，79.

[19]刘抚英，邹涛，栗德祥. 后工业景观公园的典范——德国鲁尔区北杜伊斯堡景观公园考察研究[J]. 华中建筑，2007(11)：77-84，86.

[20]周晔. 废墟的美——杜伊斯堡北部风景公园探析[J]. 建筑与文化，2017(3)：179-181.

[21]张海欧. 城市工业废弃地改造的生态规划设计——以美国西雅图煤气厂公园为例[J]. 绿色科技，2017(20)：14-17.

[22]毕奕，夏倩. 工业废弃地的生态景观规划——以西雅图煤气厂公园生态规划为例[J]. 中华建设，2011(9)：88-89.

[23]同[19].

[24]郑晓笛. 基于"棕色土方"视角解读德国北杜伊斯堡景观公园[J]. 景观设计学，2015，3(6)：20-29.

[25]方凌波，金云峰. 欧洲棕地景观再生策略研究——以德国北杜伊斯堡公园为例[J]. 住宅科技，2016，36(9)：27-32.

[26] Weilacher U. Syntax of landscape: the landscape architecture of Peter Latz and Partners[M]. Birkhäuser, 2008.

[27]郑晓笛. 工业类棕地再生特征初探——兼论美国煤气厂公园污染治理过程[J]. 环境工程，2015，33(4)：156-160.

[28]同[27].

[29]温少如，张鑫垚. 德国杜伊斯堡风景公园设计思路探讨[J]. 绿色科技，2012(5)：116-119.

[30]同[16].

[31]范晓君，徐红罡. 建构主义视角下工业遗产的功能置换和意义诠释：广州红专厂的案例研究[J]. 人文地理，2015，30(5)：22-28.

[32] McBoyle G. Green tourism and Scottish distilleries[J]. Tourism Management, 1996, 17(4): 255-263.

[33]同[13].

探访现代桃花源：一次旅游建筑体验

Experiencing Modern Fantastic Destination: Site Reflections on Miho Art Museum in Japan

文 / 徐晓东

【摘　要】

一座有创意的或者能提供有趣体验的建筑，借助互联网的传播很容易形成网络热点，进而成为区域旅游的焦点。在当下这一类建筑往往能成为推动区域旅游发展的重要因素之一。而一座建筑具有"创意、有趣"的属性，一定是通过创新性的设计来达到的。本文通过对一座日本美术馆的探访经历，分享一下"结合自然与文化"的设计理念与"营造故事性的空间引导序列"的空间营造手段，给人带来的难忘的空间体验，并浅谈一下这个美术馆给旅游范畴下的建筑设计带来的一些启示和借鉴意义。

【关键词】

自然与建筑；美术馆；空间体验

【作者简介】

徐晓东　北京大地风景建筑设计有限公司副总经理，设计总监

注：本文图片均由作者提供。

图1 苏州博物馆

　　1970年，日本一位名叫小山美秀子的女士创立了"神慈秀明会"，本着"以艺术之美启迪心灵之美，继而导之于言行之美"的理念，小山美秀子女士开始希望成立美术馆以传教示人，于是请了贝聿铭先生进行美术馆的设计工作。1997年，美术馆建成投入使用，中文名叫作美秀美术馆。

　　2016年深秋，团队组织去往日本学习考察，由于对美秀美术馆向往已久，因此我们把美秀美术馆列为重点探访对象之一。来日本之前，有幸参观过贝聿铭先生其他的一些作品，包括北京香山饭店、台湾东海大学路思义教堂等，其中印象比较深刻的当

属苏州博物馆（图1），它的部分空间设计手法和细节处理跟资料中的美秀美术馆有着异曲同工之妙，所以身处苏州博物馆空间的时候就想着，必须实地探访美秀美术馆以更好地感受两者的不同，这算是对美秀美术馆向往的缘由之一。缘由之二就是通过了解各种相关资料，我们对它的设计理念、空间营造方式和与自然环境结合所形成的浪漫寻访式序列空间抱有极大的兴趣，体验这种空间序列对我个人而言甚至比参观美术馆内部的艺术品还要重要。

　　美术馆位于日本滋贺县甲贺市的一个自然保护区里，交通并不算便

利。研究了去美术馆的具体路线后，我们先从京都站坐JR琵琶湖线到达石山站，然后坐上了每小时一班的大巴直奔目的地。一路穿越繁华精致的市区，开始看到乡村错落、田园阡陌、溪水潺潺，然后迎着满目苍翠悄然入山。巴士的终点站位于美术馆接待中心旁边，一个种满枫树的小停车场。由于恰逢红叶季，所以这个小小的停车场都有一番别致风景。从我们下车的那一刻开始，我就开始意识到，我们已经进入了贝聿铭先生设定的"浪漫寻访式的空间序列"里。而且后来回味时又觉得，这个美术馆的存在，让我们乘坐巴士经过各种变

图2 美秀美术馆接待中心

换的环境抵达美术馆的路程,都充满了仪式感。

美术馆的接待厅紧邻停车场,是一栋平面空间为三角形的建筑,它可以提供票务、咨询、餐饮、休息和文创商品展售等服务(图2)。接待厅距离美术馆大约600m,中间被一座山和一条峡谷分开。1990年,贝聿铭先生接到小山美秀子女士的委托后,开始进行美术馆的前期调研工作,在考察了众多的乡土建筑,以及看到项目地场景之后,他萌生了建造"现代桃花源"的设计构思,并且在100万m²的场地范围内寻找符合《桃花源记》描绘的空间场景,最终找到了这个理想的建筑选址,而貌似最大障碍的这座山和这一条峡谷,却被贝聿铭先生用一条隧道和一座吊桥打造成了整个空间序列里最戏剧化的部分。

从接待厅到美术馆有游览车可以提供摆渡服务,但是600多米的距离不算太远,而且沿途景色多变,又恰逢秋高气爽,所以大多参观者会选择步行前往。购票及短暂停留休息后,沿着一条叫作垂枝樱步道的弯曲小路,我们举步前往美术馆。道路两侧种植的行道树为垂枝樱,这也是步道名称的由来。看过樱花季的照片,景色动人心魄,遗憾的是我们来的季节不对。不过虽然看不到"风吹樱花千万,落英缤纷如雪",但是好在绚丽秋色一样宜人。前行数十步,转过一个弯道后,一个隧道口出现在我们眼前(图3)。

《桃花源记》是我们中学课本里一篇具有浓厚浪漫主义色彩的神奇杰作。陶渊明妙笔生花把一个理想世界描绘得如诗如画、栩栩如生,

朴素的语言让人多年之后依然能很轻易地诵读出来:"……缘溪行,忘路之远近。忽逢桃花林……"不只是陶渊明,"桃花源"其实也是历代中国文人的乌托邦。只是很难想到的是,这样一个理想国的现实场景,被以建筑的主题形式在日本的一座山里实现了。这种中国古代文人的浪漫理想,通过具有东方文化背景的美籍华人贝聿铭先生的神奇演绎,在与中国同源文化的日本得以展现,不禁让人感慨。

所以当我们看到忽然出现的隧道洞口之后,真实地感受到了"复前行,欲穷其林。林尽水源,便得一山,山有小口,仿佛若有光"。慢慢走进隧道,光线也慢慢变得昏暗,隧道的墙壁选用了银灰色的不锈钢板,隧道外的风景随光线在圆弧的墙壁上

图3 垂枝樱步道

图4 光之隧道

图5 吊桥与美术馆

映射，随着我们的走动不断变幻着，恍惚间整个空间变成了穿越时光的隧道（图4）。为了让路径更具故事感，贝聿铭先生把隧道设计成两端不能直接相望的圆弧形，所以当我们走过一半之后，前面的隧道出口才慢慢显现，迎着越来越亮的光线，行至隧道口之后，空间豁然开朗，层峦尽染。举目望去，在满目缤纷的秋色里，一座金属和玻璃做的歇山式建筑静坐山坡之上。

　　隧道的出口在半山腰，与美术馆之间隔着一条峡谷。连接对岸的，是一条120m长的金属吊桥（图5）。吊桥全部采用金属构件，整体设计优雅合理，极大地展示了钢结构造型的魅力。建造完成5年后，这座吊桥在2002年获得了瑞士国际构造学会颁发的"优秀构造奖"，国际构造工

图6 吊桥与美术馆

学会的评语认为这座桥梁"其构造技术的精巧,无论是一个一个小的构造部件,还是革新性排水系统,都创造出轻松开放的气氛,它和周围的自然调和在一起,具有构造美和艺术美的高贵气质"。走在桥上的时候发现,除了地面采用了革新性排水系统之外,还有一个细节做得比较好,吊桥虽然悬在峡谷之上,但由于它采用了内凹的弧面金属冲孔护板和向内探出的扶手,这样极大削弱了我们居高临下观赏风景时产生的恐高

感。桥下的树郁郁葱葱，站在护栏边几乎可以触摸到树梢，山风吹来让桥微微晃动，有种飘然行走林端的感觉（图6）。

过了桥，就到达了美术馆前的集散广场。站在圆形的集散广场里，能看到的只有那个灰色的金属建筑，也就是美术馆的入口门厅。贝聿铭先生说过，"日本过去的建筑师，都具有使土地、建筑物与景观互相调和的感性。我固然无意模仿他们，但想尊重日本人精神、文化与传统的想法十分强烈"。因此这个给我们留下第一印象的建筑体，采用了日本传统的"入母屋造"（歇山式）的建筑形式，呼应了当地的传统建筑风貌；钢结构和大面积玻璃立面的使用，也极力与自然相融合（图7）。整个美术馆的建筑面积为9241m²，绝大部分的建筑体量被山土覆盖。由于美术馆位于自然保护区内，按照日本的建筑法规《自然公园法》，美术馆的建筑高度和可视部分的建筑体量都有严格控制，因此除了建筑最高处不得高于13m外，美术馆有超过80%的建筑空间需要布置于地下，这样既可以满足法规的要求，又能最大程度融于自然，避免了巨大建筑在自然环境中出现引发的冲突感。

从广场看过去，三段式台阶空间和两侧对称的石制灯具让美术馆的入口隐约有种庙宇的仪式感。沿台阶逐级而上，来到美术馆的入口。入口采用的是具有典型东方美学标准的月洞门形式和日本传统的两侧推拉的打开方式（图8）。进入后回首看，圆形的门洞形成了框景的效果，并且呼应着圆形的隧道口，预示着将要再次进入另外一重世界。进入建筑内部后，迎面看到的是以绵延群山为背景的三株苍劲古松，在建筑结构的框景之下像极了一幅山水分屏画作。在这幅"自然巨作"前面的一侧，是一块从九州运来的350岁的榉木，整块的实木作为座椅为观赏者提供休憩功能。这种通透的引景手法

和粗犷自然的榉木座椅，给了我们视觉和心灵上的双重感动，有那么一瞬间，感觉整个建筑空间与自然山水融为了一体，真是印证了贝聿铭先生说过的："我肯定来这里的人将会明白我是有意识地令此美术馆与自然融为一体"（图9）。

"让光线来做设计"是贝聿铭先生的名言，所以在整个美术馆的设计中，光线的利用是设计核心之一。美术馆的屋顶采用了典型的贝式语言，三角形的金属桁架结构搭建起了巨大的屋顶，为了达到更精巧的结构效果，贝先生单对屋顶衔接部分的细节构造就绘制了百张设计图，并且反复试验最后确定了使用高强度的碳钢才达到满意的效果。屋顶部分大面

图7 美秀美术馆入口

图8 美术馆门厅

积地使用了玻璃，所以整个室内光线感特别强；同时为了控制光线，屋顶专门设计了具有滤光作用的铝合金仿木格栅，这些格栅让不同季节、不同时间段的室内空间产生了丰富的光影效果，尤其是当格栅的影子投射在墙壁和走廊上时，行走在这个光影空间里，感受到的空间氛围与日本传统的竹帘光影有异曲同工之妙，渲染出了室内东方文化的意境。美术馆的墙面和地面材料都采用了由法国出产的石灰岩，跟卢浮宫美术馆的接待大厅用的是同样的材料。这种石材颜色温暖柔和，质地厚重却又有一种轻快感，让整个空间显得宽敞明亮。

美术馆分南馆和北馆两部分，南馆藏品展示的序列顺序按地域进行，依次为埃及、西亚、希腊、罗马、南亚、中国和伊斯兰等，北馆为日本艺术品展馆，其中有小山美秀子女士收藏了40多年的日本各式茶器。展示设计是在充分考虑美术品的尺寸、色彩、材质和具体年代的基础上确定下来的，建筑设计和室内设计均以展品为核心展开，力求创造出高水平的展示空间。在参观展品的时候，常常可以看到贝聿铭先生为某一件珍品设计的独立空间，或是直接采用自然光，或是精心设计的人造光，总会恰到好处地渲染着展品的气

质，而精准的陈列高度和空间留白的处理方式，也让我们有了最合适的观赏角度和观赏空间。

参观完整个美术馆已时至下午，我们开始沿着来路回返（图10）。《桃花源记》里结尾部分讲，"既出，……寻向所志，遂迷，不复得路"，当然，再次来美术馆不至于"不复得路"，只是当下还有遗憾，便是路过垂枝樱步道时未能见到樱花繁盛如雪。还有另外一个遗憾便是，由于时间关系，我们错过了接待处餐厅提供的餐食，这些餐食都是通过无农药、无肥料的秀明自然农法栽培的。"秀明自然农法"是一种

图9 美术馆大厅

比"有机"更绿色的农业方式，因为这是一种完全回归原始的耕种方式，连有机肥料都不使用，只是让落叶和杂草经过长时间腐烂后再提供养分。这种极少数农场还在施行的耕作方式，大多只能自给自足，所以餐厅只是限量供应，对于参观者来说，相比吃这一份餐食，也许更重要的是体验到这种耕作方式对于尊重自然的仪式感。

从接待中心出来回到停车场等车，这一趟建筑之旅算是基本结束了。《环境行为学概论》中提到人与物质环境的相互作用分为七个领域，分别是：感知性领域、有表现力的领域、美感领域、工具性领域、生态性领域、适应性领域、综合性领域。回

顾参访的整个过程，美秀美术馆在这七个领域里都有优秀的表现，不管是建筑形态、室内空间、景观植物，还是光影、色彩、材质的运用，又或是引导服务、餐食等，都给人以美好的传达。尤其是在"感知性领域和适应性领域"，贝先生用他的设计理念和神奇手法带给我们一场"浪漫寻访式的空间序列体验"：从城市到山里，从接待中心到隧道，到吊桥，再到美术馆前广场，终于看到了美术馆的一角，这算是寻访外部序列的过程；等到了美术馆月洞门打开的时候，我们又开始了一场建筑内部空间的体验序列。而整体建筑景观空间与自然空间的关系又能突破地域的限制，在访客心里呼应起中国文人对

于理想国的向往。这种艺术与建筑融合，建筑与自然融合，访客参与体验的过程和空间，已经将美术馆这座"艺术建筑空间"变成了"旅游+艺术的建筑空间"，游客行为上也已经突破了"社会精英—艺术空间"这种传统的美术馆模式，变成了具有旅游目的地属性的"游客—旅游吸引物"的模式。

从建筑旅游的角度来说，对于美秀美术馆的参访也不仅仅是针对空间序列、建筑形态、艺术展品等，还包含了整个大区域的文化、活动、自然环境带给人的感受。从城市到山区，我们需要穿过层层空间才能进入内部去欣赏某件艺术品，整个与自然融合的建筑空间其实赋予了艺

图10 美术馆前广场

术品更加鲜活的生命力，这跟城市中的美术馆带给人的感觉是完全不同的。所以从旅游的角度来说，美秀美术馆的空间体验价值已经等同甚至大于它的收藏意义了。这也是为什么城市里的美术馆非常多，我们也必须来参访这座远离城市的美术馆的主要原因。美秀美术馆的规划设计给我们旅游范畴下的设计从业者带来了一些很好的借鉴和启示：在城市边缘或者远离城市的旅游区域，怎样去做一个旅游建筑。旅游建筑很重要的一点是要得到旅游群体的关注，获得一定的游客流量，这就要求设计师必须用创新性的设计达到美好的效果来作为吸引点，这个创新性不见得必须是夸张夺人眼球的，但

一定是能带来新奇感受的；或者是创造某种特别的体验，能刺激到旅游人群的兴奋点的。

而作为一位游客，能通过整体的空间序列，到过程中所体验到的细部结构材质、光影营造等，形成对建筑空间全方位的感受，进而形成对于建筑辐射区域的认知，最后上升到对整个区域的情感和文化的认知，这个是当下建筑旅游特别是现代建筑旅游所需要的，也是包含建筑在内的整个旅游区域所需要的。因此，对于很多旅游城市、旅游区来说，如果能非常有创意地作一些设计，比如像美秀美术馆那样，通过与自然融合的方式来切入，结合体验型的空间探访序列来实现建筑对于

区域文化价值的引领，让一座建筑成为一个文化旅游焦点，这对于整个区域的旅游可持续发展是具有很大推动意义的。

参考文献

[1] 张宇. 贝聿铭的桃花源—记美秀美术馆（Miho Museum）[J]. 建筑知识, 2004（4）：30-34.

[2] 王静. 浪漫建筑——贝聿铭设计的日本美秀美术馆[J]. 室内设计与装修, 2000（1）：12-19.

[3] 许琦. 在雨天去一次美秀美术馆[EB/OL]. [2015-08-30]. http://www.vccoo.com/v/c36b2c.

南京大报恩寺

旅游建筑（群）设计与实践

Designing and Building Tourism Architecture (Complex)

徐晓东/摄

对话与链接：解读安龙国家山地运动公园游客中心与溶岩美术馆

Conversations and Interconnections: An Interpretation on Visitor Center and Art Museum of Anlong National Mountain Sports Park

文/何 崴 陈 龙

【摘要】

本文以设计者的视角，从项目背景、场地条件、规划设计理念、技术和施工等多个层面对安龙国家山地运动公园游客服务中心与溶岩美术馆的建筑设计进行了剖析，阐述了设计者对于建筑与场地、建筑之间，以及建筑作为地区与外部世界链接点的诸多思考。

【关键词】

场地设计；山地运动公园；游客中心；美术馆设计；建筑与自然关系

【作者简介】

何 崴 中央美术学院建筑学院副教授

陈 龙 三文（北京）建筑设计咨询有限公司建筑师

注:本文图片除标注外均由作者提供。

1 项目缘起与场地条件

安龙国家山地户外运动（示范）公园游客服务中心（以下简称"游客中心"）和溶岩美术馆同属于安龙国家山地户外运动（示范）公园（以下简称"公园"），是公园核心区内最主要的两栋公共建筑。公园位于贵州省黔西南州安龙县笃山镇梨树村。梨树村紧邻210省道，距离安龙县城约40分钟的车程，距离兴义机场约1.5小时车程。在此项目开始之前，梨树村是当地一个很普通的村庄，大部分青壮年都到城镇去打工，村中留守的村民以老人、妇女为主，经济收入主要靠传统农业。

党的"十八大"以后，"美丽中国"和"健康中国"成为国家新时代发展的战略之一。2014年9月2日，国务院发布了《国务院关于加快发展体育产业促进体育消费的若干意见》，明确提出了要大力发展体育产业和全民健身，并鼓励中西部地区根据自身的自然和地理条件，创建符合地方特点的体育产业[1]。这些都为本公园项目提供了政策支撑。

正如贵州黔西南大部分地区一样，安龙县拥有极其丰富的户外运动和旅游资源，喀斯特地貌造就大量的自然奇观，如天门、天坑、地下溶洞等。为了使这个贫困地区发展有转机，当地政府希望将旅游业作为发展抓手，更具体地说是希望发展以户外运动者为主要服务人群的旅游产品。正是在这样的契机下，我们的规划设计团队来到了安龙，开始了项目选址工作。

发现项目所在地是一个巧合。地方的基层工作人员推荐了位于梨树

图1 海尾大峡谷原貌航拍

图片来源：由山岳美途提供

村的海尾大峡谷。与一般的贯通型峡谷不同，这是一个口袋形的山谷，公园核心区所在的地点是口袋的底部，也就是峡谷结束的地方。此种特殊地形的形成来源于谷底的一条河流——海子河和两个天坑。海子河从西南方向流淌而来，到这里突然沿天坑流入地下，成为地下河，日久天长，这里就形成了一个口袋形的峡谷。峡谷谷底平坦、开阔，面积约500亩，四周群山环绕，山势奇峻，南侧地势相对平缓，北侧和东侧则是百米的垂直岩壁，是攀岩运动极好的场地[2]。由于水对石灰石的侵蚀，喀斯特地貌在海尾大峡谷中非常典型，怪石嶙峋，形态各异，具有很高的观赏价值。综合场地所具有的自然条件——崖壁、地上河、天坑、怪石、平坦开阔的用地，以及周边原生态村落和布依族的文化资源，规划和设计团队认为这里是建设山地户外运动公园非常理想的场地（图1）。

2 公园总体规划

公园的主题是"山地户外运动"，根据场地的自然条件，将场地分为入口和前导区、核心区、山顶拓展区3个区块（图2）。

入口和前导区是从梨树村到海尾峡谷长约1.5km的狭长区域，可以徒步或骑车通过，这里安置了包括停车场、房车营地、山地自行车租赁，以及公园相关的管理和配套设施。

核心区主要位于海尾大峡谷内，是公园主要户外项目的活动场地，户外项目包括攀岩、索道式攀岩、皮划艇、全地形车等。

山顶拓展区位于海尾大峡谷北侧的崖顶上，有公路和登山步道与公园核心区相连，这个区域主要的户外项目是徒步登山，一个总长度超过35km的国家级登山步道系统被规划建设出来。它将公园核心区与周边的自然和文化遗产，如天门山、龙井天坑、犀牛洞、拉坡梯田、布依族古村落等串联在一起，形成笃山镇户外运动的整体网络（图3~图5）。

3 建筑与自然环境之间的关系

游客中心和溶岩美术馆就位于公园核心区内，是公园一期工程中核心区内唯一的两栋公共建筑。游客中

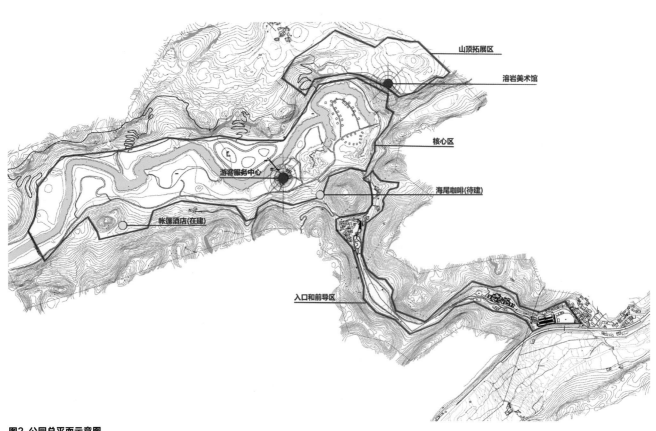

图2 公园总平面示意图

图3 天门山　　　　　　　图片来源：由山岳美途提供

图4 龙井天坑　　　　　　图片来源：由山岳美途提供

图5 犀牛洞　　　　　　　　　　　何崴/摄

心位于海尾大峡谷谷底，主要担负游客的接待及配套服务功能，如咨询、餐饮、小型会议等；溶岩美术馆位于大峡谷北侧的崖壁上，与索道式攀岩线路和山顶的登山步道相连，和游客中心遥望，主要功能是观景平台、公共美术馆和相关配套服务。

因为建筑位于特殊的地理环境中，建筑与周边自然环境的关系就成为建筑师首要思考的问题。正如建筑评论家保罗·戈登贝格（Paul Goldberger）所述："建筑永远不会单独存在。不论建筑师是有意或无意，每一栋建筑物都和旁边的、背后的、附近的、街上的其他建筑产生某种联系。若附近没有任何建筑，建筑也会和自然环境结合，而这种结合一样有意义。"[3]

在建筑师看来，建筑应该和周边环境是一种共生关系，或者说是一种互补关系。周边自然环境为建筑提供背景、条件和基地，而建筑的出现为环境增添了人的因素，成为环境与人之间的连接点。当然，因为两个建筑的功能不同，所在的位置也不同，建筑与环境的关系也会有所区别；但从设计理念上，两个设计都秉承同一个原则：进入环境，但不破坏环境；存于环境，但服从环境；异于环境，但是环境的一种加成。

3.1 游客服务中心

游客服务中心的选址位于谷底、公园核心区内唯一的一座小山丘上。选择在这里建造房子，有几个原因：一是功能的需要，海子河每年的8月、9月会泛滥，水位会上涨几米到十几米不等（当地水文资料严重缺乏，只能通过现场勘查判断），要在谷底设计建筑就必须考虑防汛的问题，一个高地势的基地势在必行；二是空间和心理上的需要，谷底超尺度的空间（南北宽度超过300m，东西纵深几公里）使人缺少对空间的定位，建筑的加入有利于建立一个空间的锚点。因此建筑就必须具有一定的标志性，需要被所有方向看到，俨然位于高处是一个最佳的选择（图6）。

图6 从山顶看海尾峡谷，红色圆圈部分是游客中心场地　　　　　　何崴/摄

小山丘的地形、地貌为游客中心提供了场地的限定，而谷底的大环境为建筑提供了对景的条件。一个近景，一个远景，一个和身体、触觉有关，一个和观景、视觉有关，它们成了游客中心建筑设计最重要的出发

图7　游客中心场地原貌，小山丘上的山石成了设计的基点　　　　　　何崴/摄

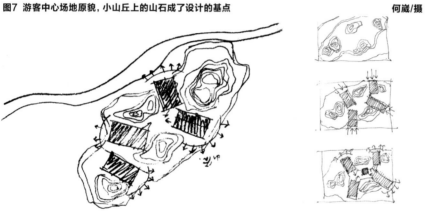

图8　游客中心设计草图（右侧为建筑形态生成过程）

1. 仙掌酒吧　　4. 商品部　　7. 餐石会议中心
2. 红点餐厅　　5. 卫生间　　8. 室外平台
3. 接待站　　　6. M亭

1. Tequila Club　　4. Shop　　7. Big Wall Lounge
2. Red Point Restaurant　5. Lavatory　8. Platform
3. Reception Hall　　6. Pavilion M

图9　游客中心设计平面图

图10　建成落地的游客中心，建筑被分解为多个单体，插入山石

点。这有点类似于埃勒夫森（Halvor Weider Ellefsen）、缪耶齐诺维奇（Mirza Mujezinovic）在阐述挪威建筑的《定制：自然性传统》（*Custom Made: Naturalizing Tradition*）一文中提出的"nature as found"和"nature instrumentalized"原则。前者中自然是为给建筑制造直接带来灵感的空间条件，后者描述了将自然作为建筑的合理化背景，是投射建筑意象的巨大银幕[4]。

小山丘的地形、地貌承担了自然基点（nature as found）的作用。山丘顶上四组突出的山石是必须尊重的自然之物，建筑的体量被打散，形成若干个小的单体，并将它们插入山石之间的小平地中。建筑避让场地中的山石，但又和山石形成一种共生关系，

金伟琦/摄

彼此为伴。插入和伴生是建筑回应自然环境的第一层语言（图7~图10）。

观景是游客中心与环境对话的第二层语言。建筑师希望建筑不仅是"被看"的主体，也是"看"的主要场所。根据周边景观的条件及功能情况，游客中心的建筑被赋予"实"与"虚"的特性。实的部分相对封闭，人需要通过刻意营造的小窗，有指向性、有选择地观景、框景；虚的部分则采用大面积的落地玻璃，弱化建筑与外部环境的界面，将远山、近石拉入室内。此外，几组建筑的山墙面被刻意从场地中的山石之间探出来，朝向好的景观面，强化了建筑与周边大山大水的视线联系（图11~图13）。

外廊道和室外平台的处理同样依循建筑与自然对话的大原则。作为连接各个建筑单体的外部空间，建筑师除了将它设计为深远屋檐下的灰空间外，也刻意营造一种富于变化的游走的感觉，这类似于中国传统村庄的外部空间模型，也反映了本地村落与自然的关系。人沿着路径运动，围绕建筑和山石，视线和焦点被压缩、扩展、拉长、遮挡，形成一系列不同的场景意象，进一步丰富了建筑与所在环境的对话关系（图14）。

3.2 溶岩美术馆

与游客中心相比，溶岩美术馆的基地条件要极端得多，它建在峡谷北侧165m的垂直崖壁上。在这里，自然既可被视为创作灵感的源泉，也可被看作一种挑战[5]。建筑的基地是崖壁上接近崖顶的一块天然的塌陷区，塌陷区位置优越，可以俯视整个峡谷，是绝佳的观景地点。在公园的规划中，一个可以俯视整个峡谷和公园核

图11 游客中心：建筑与山石形成共生关系 　　　　金伟琦/摄

图12 建筑从山石中伸出，和周边景观形成更清晰的对景关系　　　　金伟琦/摄

图13 利用开窗和出挑的檐口，形成对景和框景　　　金伟琦/摄

图14 连接各建筑单体之间的廊道，增加了空间的层次　　　金伟琦/摄

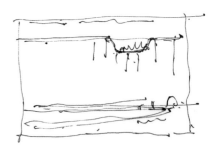

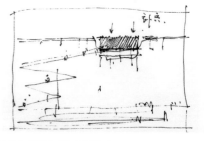

图15 从谷底看北侧崖壁，红色圆圈处为溶岩美术馆基地　　　何崴/摄　　图16 溶岩美术馆设计草图

心区的观景建筑就已经确立，幸运的是，这块自然塌陷区为建筑的实现提供了可能性（图15）。

设计的概念同样来自于建筑与自然环境的对话。首先是形体，建筑外观呈简洁的弧形，它正好嵌入崖壁中，补全了塌陷区位置崖壁的缺失，弧形的外观既避免了过于呆板的直线形，也使建筑有更宽的视野；建筑外观强调水平线的表达，水平线进一步将建筑与喀斯特地貌的岩石纹理联系起来，彼此融合；没有多余的、小的形体穿透、挖削之类的机巧，在建筑师看来这些小机巧在如此的大山水中是乏力的，太细碎的处理，反而会适得其反，因为无论如何腾挪，建筑也不可能争得过崎峻的悬崖。与其和山岳争锋，还不如以不争的姿态来坦然面对（图16~图18）。

材料的选择上，建筑主体外立面采用玻璃幕墙，通透的玻璃既建构了建筑与群山、峡谷、天空良好的视线联系，也从材料特性上与建筑所在地点——崖壁形成对比。通过这种材料的反差——薄与厚、轻与重、透与实，建筑得以在自然中实现自我的"存在性"；自然也通过建筑的存在，变为景观，与公园产生了微妙的联系。正如清华大学李晓东教授所说："景观和自然有关，但却不等同于自然；自然是景观中的必要组成部分，但因为有人的影响，自然仅是景观的一部分而已。景观通常既包括人又包括自然，与人脱离的自然在这里没有意义。[6]"

溶岩美术馆除了在大尺度上与自然对话外，在中观和微观尺度上也力求以谦虚的态度与环境相处。建筑的屋顶观景平台与崖顶平齐，从山顶登山步道远望，整个建筑消隐在山顶

的怪石、杂草中，不到近前很难发现。在溶岩美术馆基地范围内的景观处理上，建筑师尽力保留场地中原有的山石、崖壁，将之作为"赏石"来处理。在建筑师看来，场地中的石头是自然的赐予，虽没有太湖石那般有名，但其观赏价值绝不低于前者。于是，登山步道被引入建筑场地，成为人们进入建筑的路径，跟随蜿蜒的步道，人与山石的关系得以进一步强化，建筑也从中获得了与自然对话的另一个更为细腻的层次（图19~图22）。

4 建筑之间的关系

溶岩美术馆和游客中心并不是孤立的两个案例，它们都隶属于公园的总体布局。在公园的规划中，除了这两个建筑外，核心区还将兴建一个帐篷酒店（已经开始施工）和海尾咖

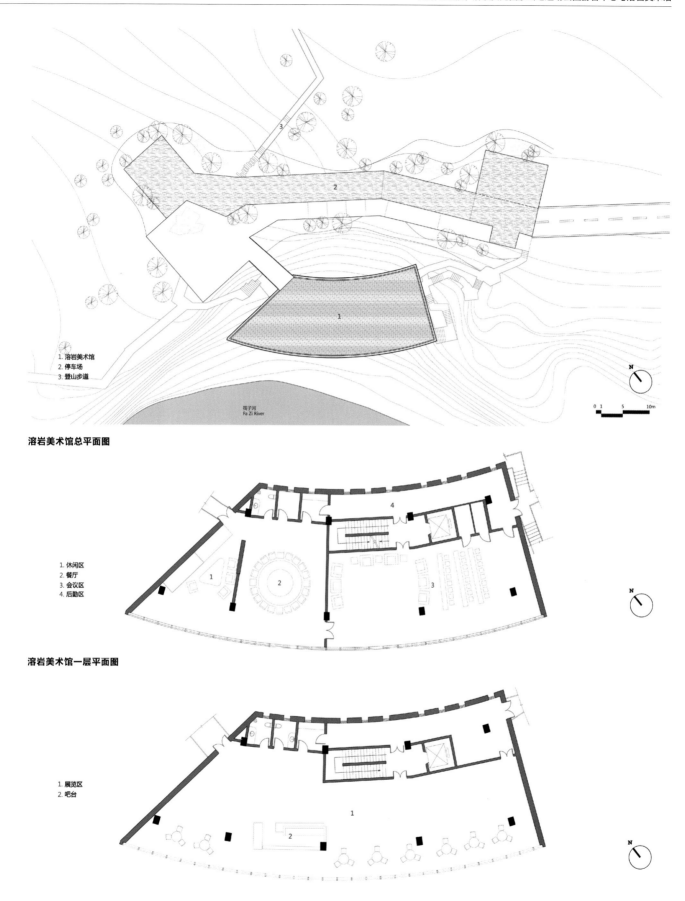

溶岩美术馆总平面图

1. 溶岩美术馆
2. 停车场
3. 登山步道

溶岩美术馆一层平面图

1. 休闲区
2. 餐厅
3. 会议区
4. 后勤区

溶岩美术馆二层平面图

1. 展览区
2. 吧台

图17 溶岩美术馆总平面图及分层平面图

图18 落地建成的溶岩美术馆，如同嵌入崖壁，与崖壁共生 金伟琦/摄

图19 从不同角度观看溶岩美术馆，建筑和自然彼此成就了对方 金伟琦/摄

图20 溶岩美术馆在微观尺度上与场地中的岩壁、山石保持一种亲密关系 周梦/摄

图21 溶岩美术馆屋顶观景平台与山顶平齐，消隐在环境中 何崴/摄

图22 登山步道与溶岩美术馆相连，建筑成为山顶登山步道系统的一部分 金伟琦/摄

啡厅。在这几组建筑中，海尾咖啡厅（待建）和溶岩美术馆、游客中心分别处于不同的高度上，呈现空间三角形关系（图23）。通过3个顶点处的建筑，视线彼此连接，公园核心区得以锚定。人在空间中会沿着三者之间的视觉联系，建构在空间中的运动轨迹，形成某种心理的场域。此外，3组建筑也是一种看与被看的关系，这类似于中国园林中的建筑布局，既是驻足观景点，也是景观本身。通过三者间的彼此互看、建筑自身的特征，以及建筑与所在场地的关系得以更清晰地展现。如待建的海尾咖啡厅位于峡谷的南面山坡上，从这里可以清晰地看到游客中心的全景，建筑与谷底、河流、山丘，以及山丘上山石之间的关系；而从游客中心观看溶岩美术馆则可以更真切地体会建筑是如何嵌入崖壁的，以一种低调的，但却清晰的方式存在；当然，从溶岩美术馆可以俯览全局，是一种上帝视角，它的作用不言而喻（图24~图26）。在功能上，几组建筑也是互补关系，游客中心的功能主要包括信息咨询、游客接待、小型会议、西餐厅和酒吧，它和海尾咖啡厅一起服务于公园的主要消费人群，为其提供常规的公共配套服务。溶岩美术馆则相对特殊，展厅的功能并不是公园必须的，但却增加了公园的维度，使公园不再只是单一体育性的公园，为未来的经营提供了更多的可能性。

5 建筑成为本地与外部世界的连接点

安龙县位于贵州黔西南州，项目所在地区既是贫困县，又是少数民族

图23 游客中心、溶岩美术馆和待建的海尾咖啡厅成空间三角形，掎角之势

金伟琦/摄（底图）

图24 从待建的海尾咖啡厅位置看游客中心

何崴/摄

图25 从游客中心位置看溶岩美术馆

何崴/摄

图26 从溶岩美术馆观景平台看游客中心

何崴/摄

图27 借鉴当地民居建筑，进行现代性变化，形成了游客中心的建筑语言　　　　金伟琦/摄

图28 建筑剖面呈现"C"形　　　　金伟琦/摄

图29 游客中心红点西餐厅室内　　　　金伟琦/摄

（布依族）主要聚集地。长期以来，由于交通和信息的不便，安龙县与外界的联系很闭塞，虽然拥有世界级的自然资源和户外运动资源，但并不为外界所知。在设计之初，建筑师就希望借这个项目让更多人知道安龙、来到安龙，将地方与世界勾连在一起。

这种勾连可以分为三个层面：建筑学层面、使用和经营层面、传播层面。

建筑学层面，主要反映在游客中心的设计上。通过对地方气候的研究，借鉴了当地民居建筑的形式、材料的质感和工艺，游客中心的建筑试图表现出一种"地域性"；当然这种地域性不是简单的对原有形式的复制，而是带有建筑师主观判断的、创造性的地域性，也就是楚尼斯（Alexander Tzonis）所说"批判的地域主义"（Critical Regionalism）[7]。建筑的屋顶采用变异的双坡顶，结合建筑立面的虚实变化，实墙与屋顶形成连续的转折面，整个建筑横剖面呈变异"C"形；建筑体之间高低错落，屋檐彼此搭接，形成了对天际线的切割；在山墙位置刻意营造出的深远的檐口一方面再次暗示了"C"形剖面，另一方面又形成了正向和反向的三角形，呼应着远山的轮廓线（图27、图28）。总之，"似是而非"的地方建筑语言，既唤起了人们对本地建筑的场所记忆，又与现代建筑语言接轨；如果从本土的视角出发，也可以称之为"在地性现代主义"（Localized Modernism）①。

使用和经营层面，主要是通过两个建筑功能和服务上的设定：没有因为在欠发达地区就降低功能的前瞻性和服务质量的舒适性。游客中心中西餐厅、酒吧的设定和黔西南本地的消费习惯有很大的出入，但它们符合户外运动人群的习惯；从某种程度上，这些设置并不是为本地消费习惯准备的，它的服务人群来自于全国各地，甚至是海外人群。从一开始，规划设计团队就和经营团队进行过讨论，大家都认为如果要在这里兴建户外运动公园，配套服务必须是开放性、国际性的（图29、图30）。

溶岩美术馆的功能设定同样基于这个考虑。展览空间的设立，可以吸引一些高水平的展览落户这里，艺术和文化功能的加入将扩展公园，乃至安龙县的视野，为安龙创造更多元的机会，与国际接轨。通过这些交流，外面的世界可以更多地了解这个布依族的聚居地，这里的人也可以更多地了解外部世界（图31）。

传播层面，溶岩美术馆从选址到兴建的过程，建筑的传播效应都是设计团队思维的重要依据之一。当今社会传播的方式已经不局限于传统的电视和纸面媒介，电子媒介导致了一系列新的现象。首先，它加速了全球化和本土化的进程。通过时—空分离或时—空凝缩，"地球村"应运而生。媒介文化把传播和文化凝聚成一个动力学过程，将每一个人裹挟其中。于是，媒介文化变成我们当代日常生活的仪式和景观[8]。既然不能回避媒介文化，还不如充分认识它、拥抱它。近年来，媒介文化和建筑、地点之间的共生关系发展得尤为迅猛，"孤独图书馆"和"漂亮的房子"们的成功，与其说成就了建筑师，更不如说是对建筑所在场地的红利。规划和设计团队希望借助好的建筑标定海尾，乃至安龙，而溶岩美术馆也的确起到了这个作用，已经成为该地区的一张新名片。

6 总结与反思

近年来贵州的发展速度很快，也取得了很显著的成就。贵州作为旅游资源得天独厚的地区，具有一定的后发优势；黔西南地区自然环境特殊，

图30 符合户外人群习惯的服务内容和质量为吸引国内外客人提供了保障

金伟琦/摄

但也因为地理位置的原因并不为广大外部世界所熟悉。这是问题，也是一种机遇。本项目正是在这个背景下的一种用建筑拉动旅游的尝试。

整个建筑设计除了满足户外运动公园的基本使用功能外，也集中考虑了建筑与环境的关系，将建筑融入自然，共同成就一种"特殊自然环境+特色建筑"的规划和设计模式。建筑在整个案例中不仅仅是构筑物，它更是一种旅游地标。项目所在地的特殊性成就了建筑的独特性；反之，建筑的独特性也成为项目宣传，以及人们了解项目所在地的抓手。

图31　溶岩美术馆展厅　　　　　　　　　　　　　　周梦/摄

项目信息

项目名称：安龙国家山地户外运动示范公园游客服务中心，溶岩美术馆

项目地点：贵州省黔西南州安龙县笃山镇梨树村

业主：安龙县荷韵旅游文化发展有限责任公司

建筑设计+室内设计：三文建筑/何崴工作室

主持建筑师：何崴

建筑设计团队：陈龙、米健、孙琪、赵卓然、宋珂、吴前铖

项目顾问：聂建、王滨

驻场工程师：靳雷柱、何秀根

合作单位：北京山岳美途体育文化有限公司

室内施工图设计：北京鸿尚国际设计有限公司

室内家具品牌：天一美家

建筑面积：游客中心1400m²、溶岩美术馆1200m²

设计时间：2016年4月~2016年7月

建造时间：2016年7月~2017年7月

摄影：金伟琦、何崴、周梦

注释

①在地性现代主义（Localized Modernism）是清华大学王路教授在2017年波兰克拉科夫建筑双年展《当代中国建筑展》中提出的概念。

参考文献

[1]国务院. 国务院关于加快发展体育产业促进体育消费的若干意见[Z]. 2014-09-02.

[2]何崴. 在大自然中做小建筑, 安龙国家山地户外运动示范公园游客服务中心设计及思考[J]. 华建筑, 2018（2）: 144-149.

[3]［美］保罗·戈登贝格. 建筑为何重要[M]. 林俊宏, 译. 大家出版, 2012.

[4]［挪］哈尔沃·魏德·埃勒夫森, 米尔扎·齐诺维奇. 定制: 传统与融合[J]. 尚晋. 世界建筑, 2014（5）: 18-39.

[5]［意］马克·布萨利. 认识建筑[M]. 张晓春, 李翔宁, 译. 北京: 清华大学出版社, 2009.

[6]李晓东, 杨茳善. 中国空间[M]. 北京: 中国建筑工业出版社, 2007.

[7]［荷］亚历山大·楚尼斯, 利亚纳·勒费夫尔. 批判的地域主义——全球化世界中的建筑及其特性[M]. 王丙辰, 译. 北京: 中国建筑工业出版社, 2007.

[8]［加拿大］马歇尔·麦克卢汉. 理解媒介: 论人的延伸[M]. 何道宽, 译. 南京: 译林出版社, 2011.

旅游景区内的集装箱建筑
Container Architecture in Tourism Attractions

文 / 龚　薇

【摘　要】

随着建筑观念的升级，集装箱建筑作为一条独特的建筑分支被越来越多的建筑师和艺术家所青睐。随着建筑技术的完善，保温、防水、防火等基本建筑性能已构成了成熟的集装箱房屋产品体系。独特的建筑风格也给建筑本身贴上了创意的标签，在众多风景旅游区形成一道靓丽的风景线。集装箱建筑也从传统的移动板房概念转化为极具体验感的场景空间，是新兴的旅游建筑中重要的一个品类。它可堆叠、可增减、可移动的特点，为景区更新迭代、品质提升提供了有力的建设支持。同时，借助于自身结构的稳定性，它可以像乐高一样，运用少量的标准房屋组件，依据场地条件搭建出变幻莫测的空间组合，来满足不同景区的定制化需求。可循环利用的材料和工厂预制化的建造方式在整个建筑生命周期中实现低碳环保，为大地环境保留永续发展，在整个建筑领域具有示范和先驱性。

【关键词】

旅游建筑；集装箱建筑；模块化建筑；移动建筑；生态环保

【作者简介】

龚　薇　风景盒子（北京）建筑技术有限公司创始人

注：本文图片除标注外均由风景盒子（北京）建筑技术有限公司提供。

图1 长白山慢行系统集装箱游客服务驿站实景照片
图片来源：由北京大地风景建筑设计有限公司提供

图2 岳阳某景区集装箱展廊实景照片

导言

2018年全国旅游工作会议强调，新时代我国经济已由高速增长阶段转向高质量发展阶段。旅游业作为国民经济战略性支柱产业，无论从国家宏观发展要求，还是自身发展需要来看，都到了从高速旅游增长阶段转向优质旅游发展阶段的关键节点。

针对不同的消费需求，旅游产业也在革新，开发新的旅游产品。近年来，为了适应旅游消费升级的发展趋势，移动建筑在旅游领域应运而生。集装箱建筑兼备了设计性、实用性及话题性，并可以化解旅游景区所面临的多个矛盾和困境，越来越受到旅游景区建设者、管理者、运营者以及游客的关注和青睐（图1、图2）。

1 旅游景区的困境

旅游景区是指具有吸引游客前往游览且能够满足游客游览观光、消遣娱乐、康体健身等旅游需求的区域场所，应具备相应的旅游服务设施并提供相应旅游服务。现阶段，在《国务院关于加快发展旅游业的意见》精神的引领下，各地方

支持系统

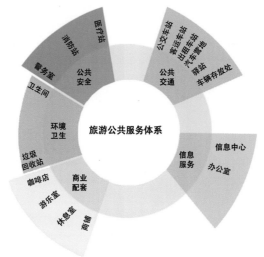

旅游公共安全服务体系
旅游安全环境建设：购物、餐饮、住宿、娱乐等

旅游安全设施建设：消防安全、游乐安全、安全标识

旅游安全机制建设：旅游安全应急预案、安全求助、旅游保险

旅游商业配套服务体系
餐饮、休闲、娱乐等全面的商业配套服务设施建设

旅游公共环境服务体系
旅游区环境卫生管理、旅游区环境质量监测服务和旅游公共卫生间建设管理

旅游交通便捷服务体系
旅游交通通道建设：旅游风景道、游步道、无障碍通道、旅游专线专列、旅游观光巴士

旅游交通节点建设：旅游集散中心、旅游停车场、旅游站点、旅游码头、旅游机场（停机坪）

旅游交通服务建设：车辆租赁、自驾车营地、自驾车加油站及维修呼叫服务

旅游公共信息服务体系
旅游网络信息服务、旅游信息咨询服务：游客中心、信息亭、触摸屏、旅游地图指南信息服务、移动短信服务、旅游呼叫中心服务（旅游热线、投诉电话）

旅游标识解说服务：交通导引、景区解说标识标牌、自助导游

图3 旅游景区公共服务体系的说明图

政府为了落实《中国旅游公共服务"十二五"专项规划》及国家旅游局下发的《关于进一步做好旅游公共服务工作的意见》，对辖区内的旅游景区建设，提出了"建设完善旅游公共服务体系"的要求，该旅游公共服务体系具体包括旅游信息咨询服务体系、旅游公共安全保障服务体系、旅游公共交通服务体系、旅游环境卫生保护体系，及旅游商业配套服务体系等（图3）。

上述旅游公共服务体系的构筑需要在旅游景区内建设大量的服务设施，但旅游景区面临如下的困境。

1.1 用地不足

旅游景区通常会围绕当地优质旅游资源进行建设，并按照国家景区评定标准所规定的规模、数量、位置等，优先建设最基础的配套服务设施。伴随着景区升级扩建，餐饮商业、酒店客栈、民宿住宿等可以为游客提供高品质体验的设施面临无地可用的窘境。景区更难以提供足够的用地来构筑日益更新的旅游公共服务体系。因此景区的服务供给能力被用地瓶颈所限制，难以跟上政策和市场发展。

1.2 客流不稳定

旅游景区普遍存在淡旺季客流量差异大的常态，位于北方、山区、海滨的景区更为明显。在旺季，景区需要通过大量增加服务人员、提供服务设施、扩大可供游览的区域等方式将服务供给能力最大化，尽可能地确保景区的正常运营。而淡季，景区通常通过关闭部分区域和服务设施、减少服务人员等方式调整服务供给模式，以最小的运营成本为游客提供服务，但这样做会对游览体验造成影响，进一步抑制游客的到来。

1.3 建设周期短

旅游景区是个长期需要迭代更新的运营主体，在不影响原有客群游览的前提下，改建或新建工作通常工期非常紧凑且更需要建设过程中低碳环保，不影响周边原始生态环境。但天气、环境及人为因素会对旅游景区的建设产生巨大的影响，雨雪天、雾霾天、当地临时活动期间均会面临停工风险，这些不确定因素都会造成景区的建设周期增加且不可控。

面对景区的困境，如果有一种建筑类型，能够不占用建设用地，补充旅游景区的建设及旅游公共服务体系的构筑，并能够灵活调整数量和设置位置，在淡季也能够保证游览体验，还能够大量预制、缩短建设时间,则能够直接改善上述困境,于是移动建筑被运用到旅游景区的建设之中。

2 什么是移动建筑

移动建筑是国外流行发展起来的建筑类型,在我国早期运用于石油开采营地、防灾营地、建筑工地等领域,给人一种舒适性差、用途单调的印象。伴随着旅游行业的迅猛发展,有越来越多的国内外设计师对各类移动建筑进行升级改良,赋予新的功能及用途,设计出了适合旅游景区的移动建筑。目前,国内的移动建筑大体包括通过拆分拼装而移动的建筑(木屋、箱式房),及便于携带运输的帐篷、充气气模房、可整体移动的建筑(集装箱建筑)等多种类型(图4)。

移动建筑的主要类型如下。

箱式房是目前市场上最常见的移动建筑,可以整体吊装、也可以通过零部件的拆卸拼装而实现建筑移动,多承担建筑工地的项目部、施工人员宿舍等临时用途,其尺寸比较固定,长—宽—高一般在6—3—3m左右,造价低、移动安装费用低、性价比高,最多搭建3层,在旅游领域多用于旅游景区内不对外开放的办公楼、宿舍、卫生间等。

木屋是景区内常见的一种移动建筑,通过建筑组件的拆卸拼装而实现建筑移动,其外立面体现出木质面的风格,适合用于山林、湖滨等自然风景好的旅游景区,其造价低、移动费用低、可很好地融入自然环境,多用于旅游景区内分散设置的客房、售卖亭、卫生间等。

帐篷是通过重量轻支撑强度高的骨架结构与防水防风的材料组合而成的移动休憩空间,故将其归入移动建筑一类,是最简单的移动建筑空间。帐篷的特点是便于携带、便于安装、造价低、对环境要求低、灵活机动性高,市场上多见单人、双人等几平方米的小型帐篷,也开发出十几至几十平方米的酒店客房式豪华帐篷。

集装箱式移动建筑是在旅游领域新兴的移动建筑,主要以集装箱的压型钢板为外立面,内置保温隔热层、内装饰装修舒适且风格档次多样,具有多种规格和尺寸,工业风格突出,结构强度高,可整体运输吊装,通过模块化设计能快速堆叠搭建。为了适应多种自然环境,集装箱式移动建筑也能够采用木饰面、玻璃幕墙、木纹钢板等多样的外装饰面。集装箱建筑可以满足游客多种多样的需求,帮助景区突破用地

移动建筑一例:箱式房　　　移动建筑一例:木屋　　　移动建筑空间一例:帐篷

图4　移动建筑的类型

图5　集装箱式移动建筑的实例:长白山慢行系统驿站设计效果图　　　　　　**图片来源:由北京大地风景建筑设计有限公司提供**

风景盒子产品：海滨盒子——移动卫生间

阿那亚案例：孤独图书馆

图6 外观独特的建筑案例分享

瓶颈，且可以构筑酒店、咖啡厅、商铺、卫生间等服务设施来丰富景区的服务供给能力（图5）。

　　旅游景区对于旅游建筑的要求是与时俱进的，最初木屋和箱式房等简单朴素的移动建筑可以应对景区及游客的基本需求，但目前集装箱式移动建筑、豪华帐篷、升级版木屋等新颖的移动建筑越来越受到

风景盒子产品：儿童游乐塔

市场的关注和青睐，尤其集装箱式移动建筑最为突出，前景最好。

3 集装箱式移动建筑的优势

3.1 外观话题性

外观是建筑的重要显著特征，其醒目性、独特性会产生话题效果，为景区赢得关注。"孤独图书馆"引燃了阿那亚的整个地产营销，吸引了大量的游客。在许多传统的建筑外观已经被游客司空见惯的今天，集装箱式建筑因其新颖独特的外观、粗犷的外形、强烈的工业风脱颖而出。加之集装箱建筑可以利用自身结构优势自由组合，营造出独特的环境氛围，能够吸引游客的关注、引来客流、放大宣传效果（图6）。

3.2 功能多样性

集装箱建筑可以承载丰富的功能空间，从单个箱体的卫生间、小商铺、单间客房、景观构筑物等，到多个集装箱箱体的拼接，成为大型商铺、餐饮设施、游客中心、住宿、演出活动服务设施等。因此，集装箱建筑特别是在旅游景区，可以有非常广泛的应用。

图7 集装箱酒店

图8 集装箱商业街

营造整体氛围（图8）；也可以将集装箱小规模分散布置于景区内，构建私密性高的林中小屋、花园别墅等，还可以将集装箱独立设置为驿站、卫生间、商铺等，沿游览路径设置，构筑景区的服务体系。

3.5 位置可移动、数量可增减

集装箱建筑能够通过多种移动方式来调整位置。对于单箱体建筑，可以整体吊装而不破坏内外装修。对于举办短期活动的集装箱建筑，室内固定家具较少，箱体数量较多，拼插式集装箱建筑可以减少存放空间和运输成本，需要减少运输抑或采用拼插式组合方式。在客流高峰时，在重点区域内大量布置、在非重点区域内分散布置来提高景区服务供给能力，在淡季时调整数量和设

3.3 内部舒适性

传统移动建筑仅满足短期使用者的基本的使用需求，缺乏舒适性，而且风格千篇一律，缺乏新意。高端定制化的集装箱建筑，通过对地域的气候分析及节能计算，满足建筑保温隔热、防水防潮、抗压耐磨等要求

（图7）。针对不同的功能类型，提供不同的装修风格。

3.4 设置灵活性

根据客流量变化、景区具体要求等，集装箱可以大规模集中设置来构建商业街、游客中心、酒店等建筑群，

图9 集装箱酒店设计方案

置位置,在不影响游览体验的情况下降低运营成本(图9)。

3.6 工厂内预制、现场工作量少

集装箱式移动建筑的优势在建设过程中尤为突出,工业化生产使得85%以上的工作量能够在工厂内完成,出厂时集装箱处于完成内装修的状态,不受天气环境和外部因素的影响,工期短且可控,整体建设工作能够有效地控制在40~45天。因此,能够确保景区的开园及大型活动的正常开展,减少不确定因素对工期的影响。并且,由于集装箱式移动建筑自重轻,基础的施工非常简单,不会对现场工作造成额外负担(图10)。在特殊场地,例如悬崖、湖边,可以利用箱体自身结构体系完成大跨度悬挑,创造奇妙的体验,而现场工作只需要一次吊装即可。

图10 可折叠式集装箱咖啡厅设计方案

3.7 整合节能环保设备,满足没有市政配套地域的需要

集装箱式移动建筑能够充分地整合太阳能发电设备、粪污固废处理净化设备等节能环保设备,来适用于供水供电条件苛刻的景区。例如,针对市政电网难以衔接且日照充足的景区,可以在集装箱式移动建筑内整合太阳能发电玻璃及蓄电池,提供设备用电,不依赖市政用电来维持集装箱建筑的日常运转。

另外,针对环保要求高且水资源缺乏的景区,可以在集装箱式移动建筑内整合粪污固废处理净化设

图11 太阳能卫生间（风景盒子落地项目）

备（图11）。该净化设备的工作原理为：将卫生间及生活排污中的固体废弃物和液体废弃物分离处理，经由化粪池、三相生物流化床、MBR超滤、臭氧杀菌消毒等处理工艺从而达标回用（图12）。可以集成于卫生间及酒店客房中使用。

4 集装箱建筑在旅游景区内的运用

4.1 景区卫生间

2015年初，中国厕所革命的号角在全国旅游工作会议上吹响，会议发布了旅游发展的"515战略"，其中特意提到了"旅游厕所革命"这个新任务。该任务计划在3~5年时间内通过政策引导、资金补助、厕所标志规范等手段持续推进厕所建造。集装箱式移动建筑已经发展出了能够满足A~AAA厕所标准的可移动式旅游景区厕所，节能节水型移动厕所，与驿站、休息区结合的旅游风景厕所等。

2015年在吉林省长白山景区建成了道路慢行系统，该系统总长

50km，由公共自行车道和人行道、5个一级服务站、16个二级服务站、5座无障碍桥梁、轮滑广场、啤酒广场、公共自行车棚以及配套设施组成。在方案设计之初，设计任务书要求每个服务站在具备卫生间功能的基础上，还要集成多种服务功能，而且要融入周围自然环境，建造过程要环保，不能对环境产生破坏。

集装箱建筑在项目上担当了重要的角色。所建成的服务站在局部保留了压型钢板外立面的情况下，大量使用木饰面以及玻璃，以便更好地融入自然。在具备卫生间功能的基础上，还分别集成了瞭望台、休息区、临时停车区、服务办公室等一个或多个服务功能，建设过程不仅没有破坏环境，而且成为慢行系统内的一道风景，得到游客的关注，甚至成为当地婚纱摄影的取景地（图13）。

4.2 提高游览体验的服务设施

湖南省岳阳市利用集装箱建筑在某景区打造了一条名为"花语集市"的商业街区，巧妙地将重工视

觉、艺术元素、多元文化复合混搭，一改集装箱沉闷刻板的传统形象，表达出鲜明的潮流商业定位，为前来游览的游客提供了购物休闲的体验环境（图14）。这组建筑从策划、设计到制造加工、竣工验收，仅仅用了两个月时间。

4.3 功能齐备的餐饮服务设施

后工业化的元素，也同样使集装箱建筑成为现代时尚的代名词，作为商业设施创意改造并广泛应用。这家位于北京华贸中心核心位置的人气西班牙餐厅由6个标准集装箱箱体拼接而成。总建筑面积近200m²，日间可同时接待60位客人用餐，夜间则由餐厅转换为酒吧。室内配备厨房、吧台、卫生间、室内外就餐区和包间。外立面尽可能多地使用了落地玻璃，可使就餐客人尽享都市繁华景色，室内采用了简约时尚的现代欧式风格，与集装箱简洁大方的外立面造型相得益彰（图15）。由于地处CBD核心位置，施工条件极为苛刻，该建筑全部在工厂内预制完成，现场运输和现场吊装仅利用了一个晚上。

5 结语

近年来随着旅游市场的升级、建筑观念的发展，集装箱建筑从使用者自主兴建的临时性用房，逐渐进入了建筑师的视野。如今，独具魅力的集装箱建筑已经逐渐融入旅游市场。具备基本组件的模块，让建筑本身变得自由灵活，像乐高一样的搭建方式符合现代个性化发展的趋势，满足新时代人们对于私人定制的特殊需求。

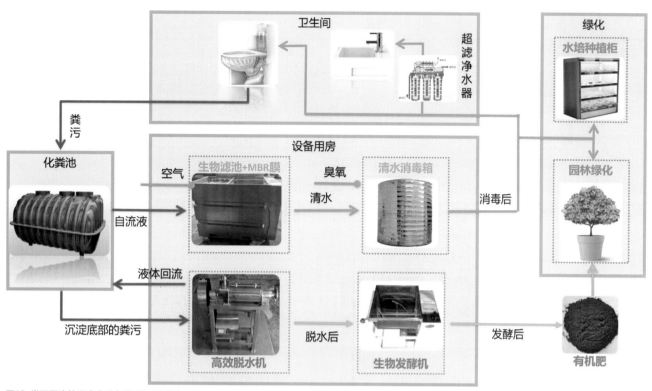

图12 粪污固废处理净化设备的工作原理图

图13 长白山慢行系统集装箱服务站实景照片

图片来源：由北京大地风景建筑设计有限公司提供

集装箱建筑的设计和建造在西方发达国家已经拥有广阔的市场，有着相当高的设计水平和成熟的建造方式。集装箱建筑以其特有的美学价值衍生为新的建筑文化，打破旅游景区建设的传统建造模式，成为传统建筑的有力补充。名目繁多的集装箱商业街、住宅、酒店、公共配套建筑等表现形式不断涌现，为景区的消费升级提供更为丰富的客户体验。

国内，集装箱模块化建筑将创新、空间、高度集成设计、材料应用、智能化技术等应用其中，使得集装箱建筑具备多种功能，现已可满足旅游景区、房车营地以及主题公园等场景的市场应用需求。越来越多的集装箱艺术馆、展廊、学校等文化建筑，以其独特建筑文化形态为载体，以丰富别样的内容体验为核心，旨在创造移动的文化地标。

图14 花语集市集装箱商业街

集装箱建筑将开启装配式建筑新篇章,以其安全、环保、经济、耐用创造可移动式风景,为旅游产业的未来展现无边际的可能。

图15 集装箱餐厅实例(风景盒子落地项目)

景观优先、形态完整的设计策略：
西藏鲁朗国际旅游小镇的设计研究

Landscape First and Morphology Integrity: A Design Strategy for Lulang International Tourism Township in Tibet Region

文 / 陈可石　方　嘉　申一蕾

【摘　要】

本文以西藏鲁朗国际旅游小镇的设计实践为例，探讨了旅游小镇的设计方法。以"五态合一"为切入点，从生态、形态、业态、文态、神态五个维度，提出旅游小镇的设计策略：生态上，倡导景观优先策略，构建整体性景观格局；形态上，倡导遵循传统肌理，打造秩序完整的人居空间；业态上，倡导空间维度的功能混合；文态上，主张通过传统建筑语言的现代诠释来展现地域性；神态上，通过颜色、材质、声景来营造优质的空间意境。通过建筑景观一体化设计，使旅游小镇产生更高的旅游价值。

【关键词】

鲁朗国际旅游小镇；景观优先；形态完整；五态合一；传统建筑语言的现代诠释

【作者简介】

陈可石　北京大学城市规划与设计学院教授，博士生导师

方　嘉　中营都市设计研究院建筑师

申一蕾　北京大学城市规划与设计学院硕士研究生

1 从公共空间入手的旅游小镇建筑景观一体化设计

1.1 旅游小镇公共空间的特点

旅游小镇的公共空间是游客识别小镇的重要节点。旅游小镇的公共空间集中分布了大量公共基础设施，成为旅游小镇整体形象的展示窗口，构成了游客对小镇总体感知的第一印象。旅游小镇公共空间是当地历史、文化、民俗的重要载体，形成了具有地域特色的空间肌理，留下了地方烙印，见证了历史变迁，承载着民俗文化，集中体现了整座小镇的精气神，成为文化传播的重要空间载体。旅游小镇不仅属于游客，更属于当地居民。旅游小镇公共空间的出现、生存与发展自始至终都应当围绕使用者展开。

1.2 旅游小镇公共空间的重要性

旅游小镇的公共空间是属于公众的空间，是居民可以随意进入、自由活动的场所，是居民进行社会交往的地方，是商业活动的载体，更是城市包容性和开放程度的体现。良好的公共空间大多具备景观独特性、界面连续、空间封闭性、人群吸引力、交通易达性、意象可识别以及业态多样性等基本特点[1]，应当成为人们享受生活、感受特色风情、体验城市魅力的地方。

1.3 旅游小镇设计策略——五态合一

1.3.1 生态：景观优先策略

生态方面，通过景观优先策略，塑造和谐感。在开发层面，应当对小镇的生态环境和景观价值予以足够重视，通过总设计师负责制定一系列开发建设制度和指标来保障景观的提前介入，从而赋予景观建设以应有的城市规划地位。在设计层面，根据景观现场的实际情况和综合性理论知识进行多维思考，全面考虑与格局相关的生态过程，尊重原有的生态本底条件，因地制宜，构建整体性景观格局，尽可能维护原有生态空间的整体性，植物配置以本土植物为主，突出自然特质和乡土特色，体现地域景观的独特性。

1.3.2 形态：形态完整策略

形态方面，通过完整性策略，营造场所感。形态完整包含空间整体性、时间连续性，以及人与空间的和谐发展这三个层面。建议在遵循当地地形特征和居民生活习俗的基础上，构建总体的空间格局；同时，因地制宜地组织建筑群之间的空间关系，强调小镇街巷肌理特色，使得建筑布局和街巷尺度具有明确的序列性；然后，通过有效城市设计的引导，对旅游小镇的建筑形态、高度、材料、颜色等进行控制，保证新老建筑在时间上有机统一，营造原汁原味的场所感和归属感。

1.3.3 业态：多样化策略

业态方面，通过多样化策略，提升活力感。倡导空间维度的功能混合、时间维度的高效使用，以及发展维度的多样化人群。建议首先从年龄层次、职业类型、教育程度与收入状况等不同角度进行市场细分，从而吸引不同人群，打造老少皆宜的活力空间。其次，使各种业态功能混合分布，形成兼具商业、娱乐、展览等多重功能的综合体。最后，促进不同业态在时间维度上的交织，打造全天候都能满足不同人群使用需求的活力空间，并在不同时期实现功能上的变化，由此吸引具有不同需求的人群在其中开展多样化的活动。

1.3.4 文态：地域性策略

文态方面，通过地域性策略，加深地方感。建议首先传承物质形态的地域性，提炼具有当地特色的建筑语言，利用本土材料和地方建造技术，因地制宜地打造城市空间，提升公共空间的精神感染力，给本土居民带来归属感，让外来游客体验地方感。把传统建筑艺术融合时代特征，将公共空间中有冲突与差异的元素置于相同的空间条件下，在协调中呈现统一的地域氛围，在对比中表达特色文化。通过挖掘地方文化特色，营造非物质形态的地方感。

1.3.5 神态：感知性策略

神态方面，通过感知性策略，增强意境感，从视觉、触觉、听觉三个方面传承旅游小镇的文化传统。在视觉上形成独一无二的自然景观和具有当地特色的城市风貌，打造优质的空间意境；因地制宜，在听觉上保留自然之声（风声、水声、鸟鸣声），增强人文之声（诵经声、歌谣声、划船声），让游客体会当地的民族性格和感受城市韵味；触觉上，发扬传统工艺，用本土建筑材质给游客营造不一样的触觉体验。增强人文关怀，让人感受城市的温度。

2 鲁朗国际旅游小镇设计

2.1 鲁朗国际旅游小镇概况

2.1.1 鲁朗区位与资源

鲁朗，藏语意为"龙王之谷"，地处林芝地区，平均海拔3385m，属于典型的高原山地草甸地带。镇域面积为2516.9km²，总人口约为1333人。318国道由北向南穿过小镇，交通便捷。鲁朗的自然景观资源极为丰富，以高山、峡谷、冰川以及动植物资源为主。鲁朗地处工布文化核心区，其独特的民俗风情和历史文化使鲁朗成为川藏线上的圣洁明珠。

2.1.2 鲁朗国际旅游小镇开发历程

为了全面推进西藏的跨越式发展，实现西藏地区社会经济的更好更快发展，2010年7月，对口援助林芝县的广东省援藏工作组提出开发鲁朗国际旅游小镇的战略构想。

2011年，该项目被确定为广东援藏项目的重点建设工程。2012年3月底，鲁朗小镇奠基。2016年12月，鲁朗国际旅游小镇已基本建成并向游客开放，取得了良好的运营效果和良好的社会反响。所以，本文选取鲁朗国际旅游小镇为典型案例，阐述旅游小镇建筑景观一体化设计的经验。

2.1.3 鲁朗国际旅游小镇设计团队

为了全面推进鲁朗国际旅游小镇项目的建设，粤藏两省区在对口援藏工作座谈会上委托中营都市设计研究院、北京大学中国城市设计研究中心进行鲁朗国际旅游小镇总体城市设计与概念性建筑方案设计（图1），同时委托广东省城乡规划设计研究院与之共同进行总体规划以及控制性详规。这些精英设计机构共同组建的设计团队，为鲁朗国际旅游小镇的高品质建设提供了理念支撑和技术保障。

2.2 景观优先策略下的格局构筑
2.2.1 因地制宜，构筑整体景观格局

鲁朗拥有广阔的草原、缤纷的花海、巍峨的雪山。因此，山成为鲁朗小镇整体景观的重要意象之一。据地方志记载，鲁朗的大片草甸最初

图1 鲁朗国际旅游小镇总体城市设计　　　　　　　　　　　　　　　　　　　　　　　　　　　**图片来源：中营都市设计研究院**

是个湖面,但湖水因城市建设需要被抽干,形成了草甸。在"景观优先"的理念指导下,鲁朗国际旅游小镇的设计根据因地制宜的原则,遵循原有地形,将河流(鲁朗河、雅屹河)与湿地连接并拓宽,形成人工湖(即鲁朗湖),并用地域性植物对原有地形进行生态修复,再现圣湖风光。由此,"湖光山色"构成了鲁朗国际旅游小镇的整体景观格局(图2)。

2.2.2 城水相融,完善景观结构体系

设计从景观结构出发,把湖面和湿地作为小镇的核心景观,沿水系打造了滨水绿地。同时,把水作为连接五大片区的纽带,不仅把湖水引入组团,促进自然景观渗入小镇内部,还构建了多个亲水广场,把湖水引入小镇内部,增强绿地和水系的可达性,为居民提供亲近自然的机会,从而打造了连续完整的景观体系,彰显了天人合一的环境艺术。其中最突出的就是位于小镇中部片区的三条景观廊道,即滨湖、滨河、化街景观廊道(图3)。

滨湖景观廊道的设计根据不同高差,用连续的阶梯状花池将空间有序分割,丰富了景观层次;滨河景观廊道的设计采用了自然驳岸、堆石驳岸、砌石驳岸和亲水驳岸四种处理方式,使滨水建筑与自然湖景自然过渡、相互融合;此外,为了满足不同交通需求,还设计了汀步、步行、廊桥、木桥和车行石桥,以增加滨水空间的趣味性(图4)。在水域、滨水地带,运用理水、造景以及物种配置等手段促进景观融入小镇肌理,使自然景观更为生动,形成符合小镇艺术性构思的景观特征,最终为旅游小镇及区域发展服务。

2.3 形态完整策略下的建筑设计

建筑是旅游小镇空间体验的主角之一,小镇形态完整,是由小镇建

图2 鲁朗国际旅游小镇整体景观格局　　　　　　　　　　　　　　**图片来源:中营都市设计研究院**

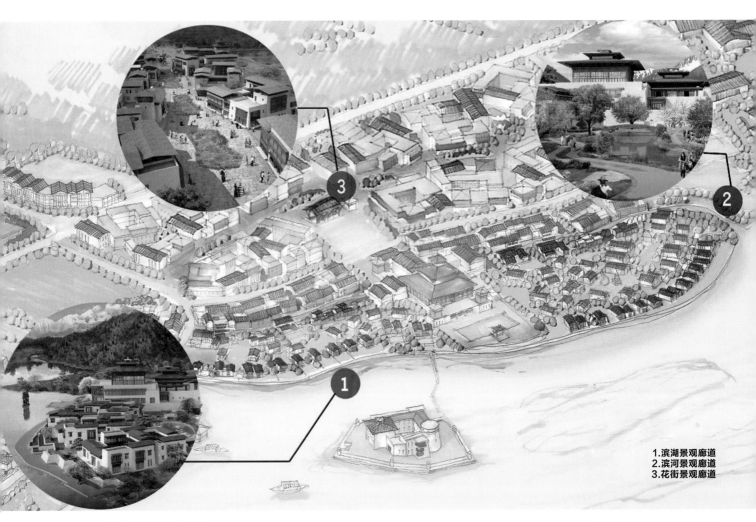

图3 鲁朗国际旅游小镇景观廊道　　　　　　　　　　　　　　　　**图片来源：陈可石教授手绘作品**

1.滨湖景观廊道
2.滨河景观廊道
3.花街景观廊道

图4 鲁朗小镇步行廊桥　　　　　　　**图片来源：中营都市设计研究院**

筑群落组成的空间、时间以及人的互动发展这三个维度共同构成，即空间结构与布局的整体统一、新老建筑的和谐共存、人与空间的共同发展，以及发展过程的动态平衡。形态完整，不仅有利于强化旅游小镇空间的自组织机能，更能够促进人与空间的协调发展。

2.3.1 有序空间，传承工布藏式肌理

相传吐蕃王朝时期（公元7世纪），文成公主被迎娶到拉萨后，结合风水五行学认为西藏的自然地形如同仰卧的罗刹女。为了镇压女魔，必须在其身体的重要部位修建佛教寺

庙,于是松赞干布在整个西藏地区发动建造了108座寺院[2],形成了著名的《镇魔图》(图5),该图不仅是西藏古老的地形图,还是鲁朗国际旅游小镇空间布局的重要依据之一。

藏传佛教的金刚说对西藏传统城镇和建筑形态产生了重要影响。该学说主张把因缘和轮回作为世界的运行方式,认为人有前世、今生和后世,并称之为"轮回"[3]。受轮回意识影响,藏民大量运用"回"字形图案,不仅寺院殿堂采用"回"形的平面布局,许多民居建筑也大多呈"回"形分布。

传统城镇中最具魅力的艺术就是在当地文化熏陶下所呈现的地域性肌理。因此,鲁朗国际旅游小镇借鉴了西藏的传统城市布局模式。在空间布局上,遵循工布藏式的城镇空间组织方式,提炼工布建筑艺术元素,采用"回"字形、"凹"字形和"L"形建筑平面;其次,在空间组合上,采用了主体空间式、序列空间式、组合空间式三种组合方式,形成了宽窄相间、收放自如、曲折多变的自然街巷(图6)。

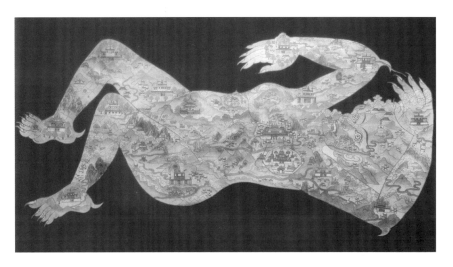

图5 文成公主所绘的西藏地图《镇魔图》　　　　　　　　　　图片来源:《西藏镇魔图考略》

图6 鲁朗小镇街巷肌理　　　　　　　　　　　　　　　图片来源:中营都市设计研究院

2.3.2 控制风貌，营造地域性场所感

鲁朗所处的林芝地区属于雅鲁藏布江流域，印度洋暖湿气流使得整个地区湿润多雨。在自然气候和地形的影响下，当地民居以斜坡屋顶形式居多，大多采用双坡屋面，从而便于排水通风，屋顶大多采用木屋盖或石板屋盖，木板直接铺在屋顶上用来防水；建筑门窗均为木门窗，丰富多彩的门饰和窗饰良好地体现了西藏的地域特色。

鲁朗国际旅游小镇在继承工布藏式建筑风格、尊重居民生活习惯的基础上，对建筑立面、体量、高度等方面进行控制，形成具有当地特色的城市风貌。首先，主体沿街建筑采用大比例双坡、四坡悬山屋顶，打造"第五立面"，墙体多为收分墙、边玛墙和地垄墙，形成了丰富多变的建筑立面。整体建筑高度在4层以下，滨水区以1层为主，酒店区不超过3层，形成了高低错落的城镇轮廓（图7）。

2.4 多样化策略下的业态设计

旅游业态，包括旅游产品、经营方式，以及组织形式三个方面。随着人们物质文化生活的日益丰富，结构单一的旅游产品和纯粹以观光为主的旅游形式已经不能满足游客多样化的旅游消费需求。要想在竞争激烈的旅游市场中立于不败之地，就得不断寻求业态的多样化发展。业态多样化策略，要求我们在空间维度营造多样化的混合功能，在时间维度提高空

图7 鲁朗小镇城镇轮廓

图片来源：中营都市设计研究院

间的利用率,在发展维度增强不同人群的互动交往关系,从而给所处空间带来活力。

2.4.1 空间维度的多样化功能

空间维度的多样化功能既包括不同业态功能在水平面上的交错分布,也包括不同业态功能在垂直面上的混合交叉,即把街区打造成多功能混合的活力街区,把建筑打造成兼具多种功能的综合体。类型多样、布局交错的多样化业态功能,为吸引不同

类型的人群进入空间并开展丰富多样的活动打下了基础,更为进一步营造空间活力创造了条件。

鲁朗国际旅游小镇遵循了功能混合的理念,在酒店住宿区穿插了商业步行街和民俗礼品街,同时将现代美术馆、摄影艺术馆和艺术表演中心等重要公共文化设施分布在不同片区,并用水系加以串联,从而实现了土地利用的合理混合。此外,鲁朗小镇的商业步行街沿街建筑采用了商住混合的

模式,首层用于商业活动,上层用于租户居住,达到了垂直化多重功能的效果(图8)。

2.4.2 时间维度的多样化使用

功能混合的有效性体现在不同时间段人们对空间的高效使用。因此,不同业态在时间维度上的交织,对增加空间活力起到了重要作用。鲁朗国际旅游小镇通过对旅游活动的精心安排,实现了空间的分时段多样化使用——滨水景观廊道在白天是游客

图8 鲁朗国际旅游小镇商住混合模式

图片来源:中营都市设计研究院

图9 分时段高效利用的篝火广场　　　　　　图片来源：鲁朗小镇官方微信公众号

图10 鲁朗国际旅游小镇中藏式图腾的运用　　　图片来源：中营都市设计研究院

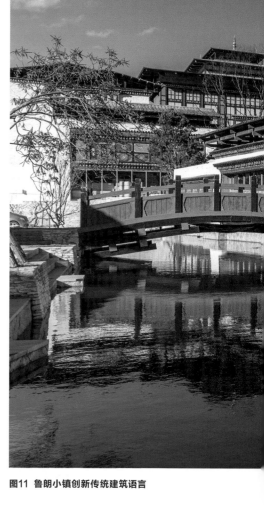

图11 鲁朗小镇创新传统建筑语言

欣赏美景的胜地，晚上则变身为美食酒吧街，夜幕笼罩的滨水廊道甚至比白天更加热闹非凡；林卡公园在白天用于骑马观光，在晚上则成为徒步、骑行爱好者的露营基地；晚间经常举办篝火舞会的篝火广场，在白天则是响箭竞技比赛的活动场地（图9）；艺术表演中心在平日里用于文化表演展示，在重大会议期间则变为国际会议中心……不同业态在相同空间的交织，使得整个小镇变得灵活生动。

2.4.3 发展维度的多样化人群

多样化人群对空间活力有着最直接的影响。旅游小镇吸引不同人群的有效途径就是丰富多样的旅游产品。因此，可从年龄层次、职业类型、教育程度、收入状况等不同角度进行市场细分，针对不同市场需求打造老少皆宜的活力空间。

鲁朗国际旅游小镇把旅游市场细分为观光游、民俗游、度假游、养生游、美食游、朝拜游、骑行游、徒步游、露营游九大市场，并针对不同细分市场打造旅游产品，设计了林海观

光栈道、滨水景观廊道、林卡公园、篝火广场、特色民宿、五星级度假酒店、休闲养生古堡、经幡广场、转经塔、山地骑行道、自然保护区徒步道、草甸露营区、美食街等极具地方特色的公共空间,并以环湖游线把各大景点加以串联,从而吸引不同人群,增添空间活力。

2.5 地域性策略下的文态设计

文化是小镇的符号,更是小镇的灵魂,是影响小镇气质的关键性因素,不同的文化本底决定了空间形态的不同外在表现。地域文化源于人们的日常生活,是一座小镇的性格所在。旅游小镇作为地域形象的代表,可以最为直观地体现地域特有

的人文历史脉络和地域文化。

在旅游小镇的文态设计中发扬地域性文化,不仅可以展现区域的发展脉络、体现区域的精神气韵,还能营造浓郁的地方感,从而使得居民产生归属感与自豪感。鲁朗国际旅游小镇公共空间设计中的地域性策略,就是强调文化的引领作用,包括

图12 鲁朗小镇玻璃幕墙与传统墙面的结合　　　　　　　　图片来源：中营都市设计研究院

装饰化导致了文化特征的消失。欧洲许多著名的旅游小镇，比如德国的巴登巴登、英国的约克、瑞士的琉森等山地小镇，它们的共同特点就是在公共空间的处理上实现了现代与传统的完美结合——运用对比与统一的设计表现手法，把传统建筑艺术融合时代特征，在协调中呈现统一

有形文化遗产的保护和无形文化传统的发扬这两大方面。

2.5.1 运用图腾塑造藏式精神空间

图案纹饰在藏族人民的生活中随处可见，藏式图案经过长期的发展，已形成了典型的区域特征，以其多样丰富的形态表达出高原气息与民族特色。藏式图案包括人物、动物、植物、文字、几何图形等多种类型，这些图案多是带有神秘色彩的象征物，代表吉祥安康。这些图案被广泛运用于宫殿、庄园、民居、寺院等建筑的门窗、梁、托、柱、屋顶和墙体，形成了藏民的精神图腾。

鲁朗国际旅游小镇的设计也运用了这些藏式图腾，精心打造了独特的精神空间。鲁朗湖中央矗立的祈福塔和养生古堡遥相辉映，形成重要的精神空间节点；北广场入口的门楼借鉴罗布林卡的设计理念，成为精神空间标志；中心广场的藏式高塔成为精神空间制高点；南广场的四坡顶

观景塔，成为冥想空间；下沉广场以藏式经幡彩带为元素进行设计，形成标志性景观；桥头广场的喷泉浮雕墙运用了藏式传统图案"八吉祥徽"，同时以煨桑炉为原型设计了镂空景观灯，增加文化氛围。

此外，为了传承工布建筑原汁原味的藏式风格，鲁朗小镇的设计还对建筑细部的图案纹饰进行控制——在屋顶装饰有宝瓶、经幢、经幡和香炉；在墙体装饰壁画、铜雕和石刻；在门楣、门框、门扇、门扣、门箍和门套上饰以木雕和彩绘；在窗檐上装饰两层短椽，窗框上装饰堆经和莲花花瓣，窗扇上装饰木雕，窗周设置梯形的黑色带，还在窗户上部悬挂布帏，从而提升公共空间的精神感染力。（图10）

2.5.2 创新传统建筑语言

旅游小镇的设计不能简单地制造假古董，也不应接受百分之百的现代表达，因为现代建筑的简化和去

图13 以白色为主的鲁朗镇政府建筑立面

的地域氛围,在对比中表达特色文化。

所以,鲁朗国际旅游小镇保持80%的传统(尤其是商业街等公共空间,因为游客想体验更多的传统元素),在此基础上,留出20%的创新余地,对传统建筑语言的表达方式进行创新,采用传统的空间结构

和建筑材料,并对传统工艺进行适当的简化,针对传统材料的做法、色彩以及装饰进行倾向性的表达,在精简传统建筑语言的同时,又保持了传统建筑语言的原真性(图11)。

为了将藏式建筑的"浑厚稳重"和现代建筑的"简约通透"相结合,鲁朗小镇在公共建筑的材料运用

上进行创新,把玻璃幕墙元素运用到传统墙面上——鲁朗游客服务中心、现代摄影馆、艺术表演中心等公共建筑就采用了玻璃幕墙,同时用石材作底基、木质梁架作承重结构(图12),不仅形成了强烈的视觉冲击,还在温情怀旧的氛围里展示了传统与现代的交汇。

图片来源: 中营都市设计研究院

图14 鲁朗国际旅游小镇墙面细节　　　　　　　　　　　　　　　　　　　　　　　　　　　　　　**图片来源：中营都市设计研究院**

2.6 感知性策略下的神态设计

　　每个地域的独特形象都会带给人们不同的感知体验。对于旅游者而言，旅游目的地的空间感知性影响着旅游行为的选择，因此，旅游小镇空间的感知对营造有意境感的旅游空间具有重要的引导性作用。鲁朗国际旅游小镇结合藏族文化特色，从视觉、听觉、触觉等多方面，通过对色、光、声、质的控制来展现鲁朗"圣洁宁静"的神韵。

2.6.1 圣洁的藏式色彩

　　色彩作为一种审美符号具有地域象征的特点，藏民大多偏爱鲜艳明亮、深沉古拙的原始美，形成了以大色块、高纯度、高明度、强对比为特征

的色彩风格[4]。这些原始的色彩被广泛运用于藏式建筑中，增添了整个空间环境的神圣感，为身处雪域高原的西藏增添了神圣的光环。

　　藏式建筑的装饰中，每种颜色的运用都是有讲究的，藏式建筑色彩中最常用的四种颜色为白、红、黑、黄。在藏族人的观念中，白色代表神圣崇高、吉祥纯洁，所以藏式建筑中常见墙体大面积留白；红色代表护法，象征庄严和权力；黑色寓意驱邪，所以多用在与外界联系的门窗套上；黄色象征大地，代表兴旺、财富和高贵，常被用于寺庙、宫殿等建筑群的屋顶、修行室和经堂外墙[5]。

　　鲁朗小镇在建筑用色上传承地域

传统，以黄、白、红为主体颜色，辅以黑、金色装饰。黄色是夯土墙和原木的颜色，是西藏民间最常用的颜色，具有很强的震撼力。因此，鲁朗国际旅游小镇的酒店客房、住宅和小型建筑基本采用土黄色，营造了古朴典雅的整体氛围。白色是石材的颜色，工布藏族修建房屋时，常会在石材砌筑的外墙上涂抹白色。因此，鲁朗小镇中的许多重要建筑的立面就采用石材和木材，以白色为主要色调，祈福塔、沿街商铺、滨水建筑和其他以石材为主的建筑也采用白色。阳光照耀下的白色建筑在一片青山绿水中分外耀眼，与远处的雪山遥相辉映，突显了鲁朗国际旅游小镇"圣洁宁静"的意境（图13）。

2.6.2 古朴的地域材质

不同的建筑材料为人们带来了不同的触觉体验,更增加了建筑艺术的独特魅力。藏式传统建筑以石木结构为主,以石材、木料和土为基本材料。其中阿嘎土、帕嘎土、边玛草是西藏独有的建筑材料。

旅游小镇中,游客最常接触的地方就是墙体、路面、门窗,以及阶梯。基于此,鲁朗国际旅游小镇对墙体、铺地、门窗和阶梯的建筑材料进行精心设计,以期给游客留下独特难忘的触觉体验。鲁朗小镇传承藏式建筑中的木构艺术,就地选取东久林场的木材、毛石和西藏特有的阿嘎土、帕嘎土、边玛草作为主要建筑材料。建筑结构和屋顶采用大木作,门窗和室内楼梯则采用小木作。

夯土,是西藏最能打动人心的材料。倾斜的夯土墙面,给人一种亲切又古朴的感受,这种朴实的力量令人感动。因此,鲁朗小镇用夯土打造收分(倾斜)墙面,辅以边玛草墙体,并采用阿嘎土地面。为了突显夯土墙的简朴与粗糙,鲁朗小镇采用当地的手抓羊角纹工艺(图14),羊角纹就像

铺在墙上的古典油画一样感人,传达着西藏建筑亲切古朴的力量。

3 结语

通过对西藏鲁朗国际旅游小镇景观结构、街巷肌理、业态设置、文化图腾等的研究分析,总结出旅游小镇的设计策略:生态上,通过景观优先策略,塑造和谐感,突出自然特质和乡土特色,体现地域景观的独特性,构建整体性景观格局;形态上,通过建筑群落的完整性策略,营造场所感,倡导遵循传统肌理,强调小镇街巷肌理特色,营造原汁原味的场所感和归属感;业态上,通过多样化策略,提升活力感,形成兼具商业、娱乐、展览等多重功能的综合体,打造全天候都能满足不同人群使用需求的活力空间;文态上,通过地域性策略,加深地方感,通过传统建筑语言的现代诠释来展现地域性,给本土居民带来归属感,让外来游客体验地方感;神态上,通过感知性策略,增强意境感,通过颜色、材质、声景来营造优质的空间意境,增

强人文关怀,让人感受城市的温度。以"五态合一"为切入点,通过建筑景观一体化设计,运用景观优先、形态完整的设计策略,使旅游小镇产生更高的旅游价值。

参考文献

[1] 杨保军. 城市公共空间的失落与新生[J]. 城市规划学刊, 2006(6): 9 – 15.

[2] 欧朝贵. 西藏镇魔图考略[J]. 西藏艺术研究, 1991(4): 35 – 36.

[3] 刘国伟. 西藏江孜老城聚落与民居研究[D]. 重庆大学, 2012.

[4] 高莉. 卫藏地区藏式门窗装饰研究[D]. 西北民族大学, 2011.

[5] 同[4].

旅游命题下的当代设计途径：
一笑十三禅建筑中空间形式与多重文本的转译

Contemporary Design Approaches towards Tourism Architecture: Transmitting Spatial Forms and Multi-Contexts in One-Mind-Thirteen-Zen Buildings

文 / 胡　娜　贺仔明　黄庆嵩　廖　橙

【摘　要】

社会、经济、科技等剧烈变化不断给建筑师带来新的挑战。这些挑战源于多重复杂关系所形成的矛盾。其中最为棘手的是"内部"与"外部"之间的矛盾：内部指建筑师在创作中所坚持的建筑的"纯粹性"，外部指作为社会经济体系部件的建筑的"功能性"。本文聚焦日益繁荣的旅游业，基于旅游总结了影响建筑设计的五个因素：场所、文化文本、运营机制、事件活动、现场体验，并提出一种新的操作模式，以回应当代旅游情境对建筑的现实需求。

【关键词】

旅游建筑；场地设计；影响设计的因素；建筑空间形式；禅文化体验；拈花湾

【作者简介】

胡　娜　北京场略建筑设计有限公司运营总监

贺仔明　英国伦敦大学学院UCL建筑学硕士

黄庆嵩　北京场略建筑设计有限公司设计总监

廖　橙　中央美术学院建筑学院博士生

注：**本文图片均由北京场略建筑设计有限公司提供。**

当今社会、经济、文化等方面的不断发展促进了旅游业的日益繁荣。"一笑十三禅"正是在此背景下开启的项目。"一笑十三禅"是拈花湾禅意小镇核心区主要游览路线中的13个公共节点设计，也是游客在园区内体验禅文化的主要空间，这些空间包括：禅铃·捕风馆、禅机·公案馆、禅境·幻花馆（后改建为天空馆剧场）、禅王·书道馆、禅味·茶道馆、禅泉·洗心馆、禅趣·佛塑馆、禅醉·香道馆、禅色·花道馆、禅诗·迷踪馆、禅童·功道馆、禅灯·捉影馆、禅观·蔬食馆等（图1）。这13个禅意体验空间既有准确遵循禅宗文化和禅宗仪式的展示和体验，又有结合当下旅游需求的禅文化扩展项目，旨在让不同的游客群体在园区内都能满足自己的诉求。

另一方面，社会背景的剧烈变化也给建筑师带来了许多新的挑战。这些挑战源于多重复杂关系所形成的矛盾。其中最为棘手的是"内部"与"外部"之间的矛盾：内部指建筑师在创作中所坚持的建筑的"纯粹性"，外部指作为社会经济体系部件的建筑的"功能性"。如何整合复杂的外部因素，以及如何调和外部与内部之间的矛盾，使建筑自身对外部因素既非简单地抗拒，也非盲目地跟从，而是将外部内化为形式与空间生产的动机，是建筑师应该思考的现实问题。

我们将"一笑十三禅"作为一次重新思考设计方式的契机，总结了影响建筑设计的五个因素——文化文本、场所、事件活动、现场体验、运营机制，并提出一种新的操作模式，以回应当代旅游情境对建筑的现实需求并探索旅游产业中的建筑设计策略。本文选取"一笑十三禅"中的5个典型案例——禅机（公案馆）、禅诗（迷踪馆）、天空剧场、禅铃（捕风馆）、禅童（儿童馆），每一个案例都侧重对应一个因素展开讨论。

1 建筑设计的"内"与"外"

当今的建筑师常常不得已在设计过程中不断妥协，在纯粹性与

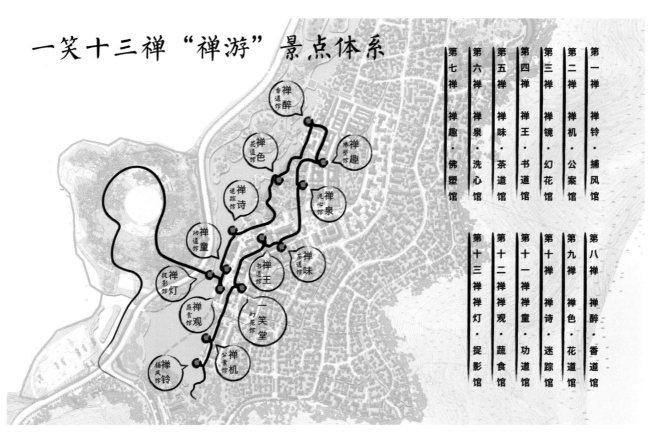

图1 一笑十三禅"禅游"景点体系

现实性之间徘徊。造成这种窘境的根本原因在于建筑在不同情景下有不同的解读方式。建筑师对于设计的理解往往存在于系统的、有逻辑的建筑学体系之中。这样，建筑可以在空间、体量、建构、形式、历史、技术、操作等专业视角之下被解读。也因此，建筑师习惯于在专业语境中寻找，并清晰地表达逻辑闭环。然而建筑不只是建筑学的产物，还是社会系统的一个部件，同时与该系统内其他部件相互作用。

产生于建筑学体系的逻辑是"内部"的，它对建筑设计所产生的影响是系统的、连续的。而来自于社会系统的功能需求是"外部"的，它产生的影响则是琐碎的、差异化的，取决于每一个项目所面对的具体场景因素，比如场地条件、建筑的使用方式、价值定位、投资数量、甲方的需求、审美喜好等。这些因素都可能对设计结果产生扰动。"内部"与"外部"对建筑的影响同等重要。

建筑师对内部逻辑纯粹性的坚持与具体且繁多的外部因子的干预形成了棘手的矛盾。建筑师如果追求设计的纯粹性，有时便需要放弃那些在自己设定的逻辑体系以外无关紧要的外部因素，还要付出大量精力说服甲方；如果注重外部因素，有时则不能兼顾专业逻辑。而当下经济、技术、文化等方面的空前迅猛发展，加剧了建筑设计外部环境的复杂性，也进一步增加了"内部"与"外部"的矛盾程度。那么，建筑师是应该继续在这之间力不从心地挣扎、抵抗，还是应该寻找新的工具与操作方式，走出迷局？

2 新的形式观——平衡多重关系的空间形式

旅游产业作为社会系统的一部分，对建筑设计具有广泛且深远的外部影响。随着社会经济发展与个体财富的增加，旅游产业扮演着越来越重要的角色，也让"内"与"外"之间的关系更加微妙。由于大众审美水平提高与市场产品多样化，一个与建筑相关的旅游项目成功与否，更多地取决于项目本身的品质。这种品质需要建筑设计能够整合"内部"逻辑的纯粹性与"外部"复杂的功能需求，最终呈现一种包容的纯粹性。

在此背景之下，建筑师如何认知旅游产业与建筑之间的关系、面对具体案例时能否做出精准的判断与恰当的操作尤为重要。在"一笑十三禅"的5个典型案例中，建筑师探索出一种平衡了多重关系的空间形式，用建筑语言回应复杂多样的外部因素，寻求呈现包容的纯粹性的新的形式观。下文将以五部分展开，分别针对每个案例设计中的代表性操作手法做出具体分析。

2.1 文化文本与空间——禅机（公案馆）

建筑的一个身份是场所与功能的物化体现，而另一个重要的身份则是文化的载体。由此可见，文化文本与建筑之间存在不可割裂的关系。旅游建筑作为具有特定功能的建筑，需要文化文本的独特性、符号性、纯粹性以产生消费吸引力，同时需要建筑兼备服务性、商品性等现代性要素。

拈花湾禅意小镇以禅意旅游度假作为先导性定位，"禅"成为支撑

该项目独特性的文化特征。禅，虽然来自佛家语，但是现在我们所理解的却是一次中国人在唐朝时期将前代所积累下来的儒家、道家等思想在东方的在地实践。日本禅学思想家铃木大拙曾语："像今天我们所谓的禅，在印度是没有的。"他认为中国人把禅解作"顿悟"，是一种创见，中国人在其本来的文化文本上创造了新的东西，他说："中国人的那种富有实践精神的想象力，创造了禅，使他们在宗教的情感上得到了最大的满足。"由此可见，解读"禅"的文本的关键在于理解其延续性，及其对新环境的适应性。"一笑十三禅"的旅游策划案，也是由此而来。

公案馆方案是以文化文本的思考作为设计出发点的具体案例。建筑师以禅宗的五大宗派（临济宗、沩仰宗、曹洞宗、云门宗、法眼宗）来定义它的五个空间。禅宗五派的发源，都与"山"的意向有着密切的联系，甚至五派七宗中大部分宗派的名称都直接以"山"来命名，因此将建筑隐喻为五座意向上的"山峰"来容纳五派公案中的禅宗思想，从而保证形式体量的纯粹。五个体量的形态则是取传统坡屋顶建筑的最基本符号，正如在传统中国文化中，古人用"山"来描述建筑，如歇山、悬山、硬山等。

公案馆建筑的朝向没有依附场地的轴线，而是以正南正北来定位。如此，五个体量和周边建筑在朝向上错落，强化山峰层峦叠嶂的层次感。在与场地的关系上，五组体量的处理方式也有所不同，由于场地具有十字交叉的空间属性，所以两端面对街道的体量呈现一种吸纳的入口形态，对街道的人群形成吸引；而处于中间的

体量则是一个开放的室外的休憩空间，便于人们穿越。处于中间的两个体量则可以作为实际的店铺使用，置入公案馆的相关业态。

在建筑语言如何跟所表达之禅宗文化的对应性上，也体现在五个体量的表皮处理上，设计结合了每个宗派的宗风特点，使每个体量具有差异化的体验：云门宗用光带的语言表现其简洁明快，只言片语却无尽锋芒；沩仰宗采用一种圆点的语言，通过对大小变化的控制形成一个整体的、虚实变化的表皮——用简单至极的语言，生成无穷的变化；曹洞宗宗风温和细密，使用一种温和精致的木质格栅，将光线打散，给人轻柔细腻的体验；临济宗机锋峻烈，单刀直入，在建

筑上则全部是直线形的语言，简练直接；法眼宗心镜录强调空的概念，空间上用镜面材料去营造，通过反射制造"无"的空间（图2）。

从文化旅游的功能和体验性上继续探讨，公案馆的造型特点使其成为一个异于周遭建筑的标志物，为游客提供一个集散点。在建筑内，每个空间都作为一个影像的展厅，而这里的影像不仅仅是供人们被动观看的影片，还是根据每个空间的禅宗主题单独制作的互动影像游戏，使游客通过玩的方式，增强参与性、互动性，把禅宗的思想通过游戏的方式传递给游客。互动内容初步设定为色声香味触法的五种感官体验，做到"不立文字、以心传心"（图3）。而从商业运

营角度，希望能把互动体验过程与消费行为有机连接，将个人化的纪念品通过电子或自助实体打印的方式销售给游客。最终公案馆的建筑空间呈现一种以文化文本为核心概念，整合包容了建筑、旅游和商业形式的纯粹性（图4）。

2.2 场所与空间——禅诗（迷踪）馆

挪威建筑史学家诺伯舒茨在《场所精神迈向建筑现象学》中写道："场所的精神这个词源于拉丁语的'土地、场所的精灵'。"他认为世界的建筑可以分为四种模式——浪漫式、宇宙式、古典式、复合式。它们分别对应着复杂的地形和景观环境、单纯的地形和景观环境、文化环境、

图2 公案馆：有态度地回应场地和宗教故事

以上两种或三种的复合环境。日本建筑历史学家铃木博之在《东京的地灵》中提到："'场所的精神'不如说成'土地的故事'，就是某块土地自身的历史，比如在这块土地上之前的主人的改变，围绕该土地的一些改变等等。"比较两种解释，我们可以清晰地察觉到东西方建筑学者对于场所概念认知的异同：诺伯舒茨的分析是非常典型的西方学者常用的分类法，以形式产生的逻辑去阐释特定场所与特定建筑的因果关系；而铃木博之对待土地的方式则显得十分有禅意，类似佛学中"内观"的方法，将土地自身的故事充分发掘，从与该土地有关的故事中寻觅蛛丝马迹，用时间的维度诠释建筑与场所的关系（图5）。

禅诗馆方案是从场所的思考出发的具体案例，首先将禅诗馆作为一个可以与游客发生零边界互动的场所。方案的概念始于一条折叠的时间线，以一幅长卷的形式，将唐宋至现代的禅诗作品按照时间，线性地安排在其相应的位置。这幅长卷却并非展开的直线，而是一条自由展开的曲线，有着丰富的内外空间关系。这种关系打破了原来的线性逻辑，身在其中的游客既可以选择按照历史的顺序去阅读禅诗的发展脉络，也可以选择在不同历史阶段间跳跃着阅读。曲线的形态自然产生的围合空间，成为游客休憩停留的聚合空间。

在这组装置中，建筑师确定了三种基准的高度：最矮的仅有0.15m，可以让人轻松跨越；中间高1.3m，在这个高度，人的视线可以穿越到下一层空间，但身体并不能穿越；最高2.6m，主要用于展示。材料为带有反射性的磨砂钢板，将禅诗的文字镌刻到钢板上面。材料也可以反射小镇的人造环境和太湖山水的自然环境，装置本身的存在感被大大消解。同时，镌刻在上面的禅诗文字则会显得更加实在，仿佛脱离物质载体飘浮在空气中。而自然、人造物和禅诗文字三者的重叠，也更好地体现了禅的意境（图6）。

在景观层面，穿插在空间之中有数个微微坡起的绿地，通过控制与墙面之间的距离，提供了远观、近看和触摸这三种观看方式。在运营层面，游客可以在这里效仿古人，用拓印的方式将自己喜欢的作品复制下来带走，这样使人们有机会近距离地去感受禅诗的每一个笔画，用传统的方式

图3 公案馆：用身体体验诉说禅宗故事

图4 公案馆现场照片

亲手制作自己独一无二的纪念品。最终禅诗馆的空间呈现一种以场所的体验为核心，以禅诗文本为线索的空间形式的美与纯粹。

2.3 事件活动与空间——天空剧场

当代著名建筑师、建筑教育家伯纳德·屈米在其论述和实践中多次强调了不存在没有事件、行为、功能的建筑。另外，屈米认为建筑应该具有"愉悦感"，这种愉悦感是由建筑中的事件和活动带来的。但是，事件与建筑之间的因果关系并不是简单的、单向的。大至国家工程，小到农家为娶妻而盖房，事件与空间呈现一种相互伴随存在且互为因果的关系。当某项活动需要聚集很多人时，不管是以建筑还是装置的形态出现，都必须搭建出活动的空间。搭建的结果，又往往成为该活动本身或者一个新的活动的起因。造成这个现象的原因有两个，一是空间或者是建筑建造活动的重要性和复杂性，二是事件对空间或者建筑的依赖性。因此，我们认为活动与建筑并非单向的因果关系，而应该是互为因果的关系（图7）。

天空剧场的设计，就从建筑与事件活动之间的积极互动展开。天空剧场是原一笑堂方案的重置。开发商重新考虑之后决定在原场地建造一个舞台和露天剧场。在方案设计的开始，建筑师就将剧场与前方的广场以及禅灯馆作为一个整体去考虑，将广场空间向上延伸，用一组大坡道与剧场衔接，延长了广场的纵深，增加了广场高程上的丰富性，同时也提供给人们一个俯瞰和休憩的观景平台。设计在建筑与事件的互动关系方面做

了如下设想：日常状态下，游客会选择视野好、开敞舒适的地方坐下来休憩，此时大坡道就成为整个广场集散的吸引物；在非常态下，天空剧场也能为广场中发生的事件和活动提供更多可能性。它既可以是观众台，也可以是主席台。从广场看过去，活动的发布者可以以观景平台为主席台，此时，平台就成为整个广场上人们的视觉焦点。而若以广场为舞台，整个空间可以瞬间转变为一个巨大的剧场，大坡道就是观众席，禅灯馆的光影和太湖成为演出的背景，而周边的建筑就成了最真实的布景（图8）。

在旅游建筑设计的出发点中，功能往往退居次席，更重要的是事件与体验。事件的特点是在一段限定的时间里在某一场所高密度、高频次、高

图5 禅诗馆：向内发掘东方的场所精神

图6 禅诗馆：禅诗与景观透叠的场所

图7 天空剧场：积极创造事件与场所的舞台

传播地集中发生。事件空间既成为背景也成为舞台，背景是无表情、无差别的，但是舞台是有表情、有倾向的，甚至可以对表演产生影响，对表演有新的启发，或者对事件结果产生积极的影响。

2.4 在场性与空间——禅铃（捕风馆）

旅游开发的策划设计者们常常借鉴艺术领域相关的作品或者理论成果，如"移情"与"沉浸式体验"等。"互动体验式"的艺术则是近些年来被讨论的热点话题。

艺术可以简略分为不在场艺术和在场艺术。不在场艺术既包括传统的架上绘画、具有深刻寓意的装置艺术，甚至可以包括行为艺术。它们共同的特点是观众可以通过图片、文本、照片和评论大致理解艺术家想传递的思想。在场艺术则是把艺术的参观者转变为参与者。比如，埃利亚松的作品常呈现出对感官体验的追求，尽管作品的创作过程和最终形式极其复杂，但呈现出的结果却简单、直接，让人惊叹。参观者几乎不需要对他的作品进行深入解读，只需身体在场，调动感官，这也正是艺术家所预期的效果。

再多图像与文本信息的载入也不能替代旅游者身临其境。旅游行为与这种在场的艺术本身就具有一定的同构性。也可以说旅游行为如果失去了在场性，就失去旅游的意义。随着AR、VR技术的飞速发展，在线旅游的时代似乎即将来临，实体旅游空间的在场性就更为珍贵了。我们把在场性分为三个层次来理解：感官在场、关系在场、精神在场。这种在场的关系主要是靠互动体验来实现，建筑在这里作为空间介质，提供感官的互动（人与自己）、关系的互动（人与他人）、精神的互动（人与宇宙）。对在场关系的塑造使得旅游建筑真正能做到超脱于日常，也能让旅游者实现对日常的解脱与再思考。

禅铃馆是进入拈花湾核心景区的第一个体验馆，采用户外装置的表现形式，视觉上是一道流动的、有节奏有段落的禅铃曲墙，仿佛是一块被风吹动的布料（图9、图10）。整个装置由2700个标准尺寸的构件组成，每个构件的尺寸为200cm×200cm×1200cm。材料选择使用高级防腐木。造型由参数化设计完成，以保证整个构筑物形态流畅。装置最终由精致的套件固定，呈现出自然材料与工业制造的契合之美（图11）。

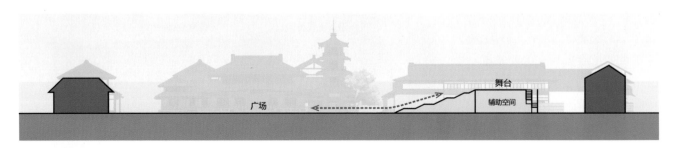

图8 天空剧场与广场关系剖面示意图

游客把寄托祝福的禅铃挂在装置中的行为，便实现了在场体验；整个装置成为凝聚游客心愿和祝福的作品，随着参与人数的增加，这组装置上的内容也会愈加丰满，来自四面八方的风吹动禅铃，铃声随着风的节奏此起彼伏，这个作品便成为声音的艺术，不同于任何形式的音乐，这里响起的是风的声音，也是所有许愿者的心声。从视觉、听觉的感官体验上升到精神上的禅音的共鸣，游客从不同于日常的参与体验中获得愉悦感，从而成就了禅铃馆与在此的记忆。同时，功能上场地兼顾祈福和休憩功能，景观也有机穿插在装置之中。在围绕禅铃馆的空地上种下一棵寓意吉祥的菩提树，让游客参禅许愿，微风下铃声树声共响更显禅意。同时，随着人在其中的动态游走，由于装置本身构件的特点，整面墙所呈现的视觉虚实关系也在不断变化，时而通透，时而实在，这也是设计者要表达的一种充满禅趣的互动性。

在资本塑造的社会景观中，旅游这种行为被赋予了更多内涵，除了满足对未知世界或是新奇体验的好奇心之外，旅游也是逃离现实生活的一种途径。从某种程度上来说旅游的意义与艺术对社会的意义有几分接近，旅游和艺术都是出于对现实社会的逃离或是批判。

2.5 运营机制与空间——禅童（儿童馆）

若空间是硬件，载入空间之中的业态及其运营机制则为软件。它们之间的兼容程度，决定整体运行的质

图9 禅铃·捕风馆：进入园区前传来的是阵阵禅铃音

图10 禅铃馆：以听觉为设计导向的园区入口

图11 禅铃馆：以场所代替建筑

主入口

图12 禅童馆：悟——充满启发性的儿童乐园

量与效率。七彩儿童馆的设计，立足于禅文化主题下的儿童体验空间这一特定业态而展开，而空间与业态之间的关联，并不体现在数据、面积等硬性指标层面，而在禅的意境与儿童体验如何在硬件层面为运营提供差异性空间。禅宗不立文字，也不提倡"教"，而讲究"悟"，基本立足点是使人在体验的过程中主动发现与顿悟，获得属于自己对于禅的理解，而非被告知。儿童馆的空间设计是通过"显性"与"隐性"两类空间的交错来体现这种意境："显性"空间作为日常的功能性活动空间，而"隐性"空间作为隐秘的"惊喜"或"彩蛋"，藏匿于"显性"空间的角落，成为待发现的"秘密"。

儿童馆的主体体量采用4段长度不同的坡屋顶沿檐边并置，长短变化既充分回应场地的边界，又与边界在交错中产生变化丰富的院落。这种"坡屋顶+院落"的布局，使"显性"空间以开放性的姿态融入场地周边的聚落之中。"显性"空间的外立面整体为通透的玻璃幕墙，使孩子在游玩的过程中有机会观察到更多的信息——观察环境，观察人群，观察生活——而观察恰是孩子早期学习的重要途径。透过这种观察，他们可以主动认知世界。不同于被动式教育，这种认知方式更加具体、生动、长久。玻璃采用无色的透明玻璃，以及各种颜色的彩色玻璃。这样，孩子在空间中观察的趣味性增加了。探索其中，他们每一步所看到的世界都是不同的。儿童对于色彩的敏感可以让他们对世界的

图景产生浓厚的兴趣（图12）。

在主体体量的角落隐藏着数个"隐性"空间，它们是大小各异的穹顶，按照儿童尺度设计。这些空间里有各种好玩的秘密，比如儿童的游乐设施，如沙池、海洋球、动画体验等。下沉式的"圆形托盘+半穹顶"构造嵌入主体建筑的边缘，半穹顶对外封闭，对内开放。每一个穹顶空间都有不同方式的开孔与室外沟通，为孩子提供更多观察的通道。半穹顶下的空间不超过1.7m高，内部用软质材料包裹。这里是孩子们的乐园，家长很难进入，但可以停留在圆形托盘外侧的台阶上，这里既是下到托盘的通道，又是家长可以坐下与孩子互动的界面（图13）。

在七彩儿童馆，孩子可以找到安全、自由的空间，家长可以时刻关注

孩子的安全，但同时也保持了一定的距离。这个空间由"显性"与"隐性"空间共同组成，强调在观察与发现的过程中得到的快乐。而这个过程，既体现了对禅的回应，又最大程度兼容了儿童体验馆这种业态在禅主题下的差异性。

3 结论：一种面向当代的设计观

在"一笑十三禅"的设计过程中，我们可以看到影响建筑设计的五个因素——文化文本、场所、事件活动、现场体验、运营机制——作为推动设计的操作模式，并不是以一种建筑高于一切的姿态排斥来源于具体因素的影响，也不是消极地向"外部"因素妥协，而是对方案所在场景的各个方面加以思考与分析，将其转化为设计资源，最终整合而非消解"内部"与"外部"。另一方面，这种操作模式体现了一种对当代性的回应：建筑师在不同的时代承担着不同的责任，在外部环境日益复杂的今天，建筑师反而应该将时代约束视为丰富的设计资源，用适当的工具进行相应的操作，而非不假思索地排斥或是毫无判断地接受。建筑师的角色以及工作方式也应该更加多元和立体，它们存在于一个个具体的场景、具体的关系之中，而不应理想化地将这一身份抽象为追随单一标准的、遵从单一信条的、教科书式的标签。

参考文献

[1] Levi R. Bryant. The Democracy of Objects [M]. London: Open Humanities Press, 2011.

[2] Manuel D. Assemblage Theory [M]. Edinburgh University Press, 2016.

[3] Tristan G. Form and Object [M]. Edinburgh University Press, 2014.

[4] [日] 铃木博之. 东京の地霊 [M]. 筑摩书房, 2009.

[5] [挪] 诺伯舒兹. 场所精神 [M]. 武汉: 华中科技大学出版社, 2010.

[6] [日] 五十岚太郎. 关于现代建筑的16章 [M]. 南京: 江苏人民出版社. 2012.

[7] 赵榕. "事件——空间": 伯纳德·屈米的设计策略及其实践 [J]. 建筑与文化, 2010 (01).

图13 禅童馆现场照片

日本京都二条城

徐晓东/摄

历史建筑保护与再利用
Conservation and Reuse of Historical Buildings

刍议遗产旅游中的古建筑重建
Reconstruction of Ancient Architecture in Heritage Tourism

文 / 白海峰　梁文婷　陶　亮

【摘　要】

消失的古建筑是否可以重建，一直是一个饱受争议的话题，本文首先通过梳理现有研究成果，对重建一词进行厘清，解读了重建之所以受争议的原因，并在此基础上利用现有的重建案例和研究成果，从保护、研究、展示三个方面探讨了古建筑重建的可能性，指出重建需要注意的地方和重建后建筑所具有的价值。

【关键词】

遗产旅游；古建筑重建；保护性重建；研究性重建；展示性重建

【作者简介】

白海峰　陕西省文化遗产研究院保护规划所所长、高级工程师

梁文婷　西北大学文化遗产学院/陕西省文化遗产研究院博士研究生、高级工程师

陶　亮　西安市文物保护考古研究院/国际古迹遗址理事会西安国际保护中心实习研究员

"重建"一词在文化遗产保护中有广义和狭义两种理解。广义的重建包括修复、再建、复建等，是指对物质存在（或某种支配性非物质价值）已经灭失的文物古迹所进行的物质性再造[1]。《中华人民共和国文物保护法》（以下简称《文物法》）第22条指出："不可移动文物已经全部毁坏的，应当实施遗址保护，不得在原址重建。" 此处的重建即为广义的重建。狭义的重建在2002版的《中国古迹遗址保护准则》（以下简称《准则》）中曾经有过较为详细的定义。《准则》的"汉语—英语词汇表"中，有"重建"一条，其对应的英文翻译为reconstruction，注释写道："'重建'是指以现存遗物及档案资料为依据，重新建造建筑物恢复其原状；其含义与'再建''复建'不同。'再建''复建'均为一种不允许的干预手段，因此没有列入《准则》。"[2]

崔金泽先生根据德国艺术史及文化遗产保护专家米夏尔·佩蔡特（Michael Petzet）的观点，对重建、复建、再建等概念进行了厘清[3]，认为重建是针对近期损毁的建筑物所进行的，不以模仿原貌为必要条件的物质性再造，英文翻译为rebuilding；复建为在图像、文字或实物证据的基础上严格考证原貌而进行的物质性再造，英文翻译为reconstruction；再建为模仿原貌、同时又追求超越原貌以达到"更美好"状态的物质性再造，英文翻译为re-creation。按照崔金泽先生的观点，《准则》所指的"重建"其实应该是"复建"。为了不增加歧义，本文中所指的重建是广义的重建。

重建在我国有着悠久的历史传统，走进任何一处古建，几乎都能看到若干的建筑重修碑记。在现已公布的古建筑类文物保护单位中，绝大多数古建筑也都在历史上经历过次数不等的损毁与重建。以陕西省文物保护单位安康文庙大成殿为例，大成殿始建于元代，明永乐十四年（1416年）、成化八年（1472年）、万历十一年（1583年）三次被汉水冲毁，又三次重建，重建时建筑虽改成了明代建筑风格，但利用了遗留的大量元代构件。清康熙四十五年（1706年），安康文庙大成殿再次被汉水冲毁，为了保证文庙的安全，不得已将文庙迁至地势较高的新城。迁建后的大成殿改为清代建筑风格，但是其大量的梁柱及建筑构件仍然使用了明代及元代的遗物，所以在一个建筑上出现了从元到清，各个时期时代特点非常明显的不同特征，因此在公布保护单位的时候，其时代被公布为"元~清"（图1）。一个文物建筑的时代被公布成这么长的时间，究其原因就是历史上经历了多次重建。可见，我国古建筑不断的重建过程，也是其价值及魅力形成的重要因素。

但是，我国古建筑重建的传统与西方文物保护的理念截然不同，尤其是违背了1964年通过的《威尼斯宪章》。宪章第十五条规定："遗址必须予以保存，并且必须采取必要措施，永久地保存和保护建筑风貌及其所发现的物品。此外，必须采取一切方法促进对古迹的了解，使它得以再现而不曲解其意。然而对任何重建都应事先予以制止，只允许重修，也就是说，把现存但已解体的部分重新组合。所用粘结材料应永远可以辨别，并应尽量少用，只须确保古迹的保护和其形状的恢复之用便可。"在世界文化遗产的认定中，"真实性"这条核心原则就是来源于《威尼斯宪章》。

图1 陕西安康文庙大成殿　　　　　　　　　　　　　　**白海峰/摄**

因此，随着我国签署加入《保护世界文化和自然遗产公约》，禁止重建开始出现在我国的法律法规中。2002年修订《中华人民共和国文物保护法》时，新增了一条规定："不可移动文物已经全部毁坏的，应当实施遗址保护，不得在原址重建。"这是我国在法理上禁止恢复重建的开端。同年，国家文物局审定并推荐发行文物保护行业规范《中国文物古迹保护准则》，其第二十五条明确规定"已不存在的建筑不应重建"。此后，尽管《文物法》与《准则》进行过多次修订，但关于恢复重建的规定，改变并不是很大。

近年来，随着国际上对文化多样性保护的进一步深入，文化遗产的重建已成为国际热点话题。我国著名的文化遗产权威学者郭旃先生甚至直言不讳地指出："在国际文物保护领域，2016年简直成了重建之年。"国际古迹遗址理事会原司库及以色列文

物考古局原局长乔拉·索拉先生甚至提出他要发展一种新的关于重建的理论，以取代《威尼斯宪章》第十五条只同意原物原位归安的原则[4]。在国内，随着文化遗产活化利用的推动，不管是政府官员还是普通民众，甚至是很多关注文化遗产保护的专家，都对于古建筑重建一直有极高的呼声。但是，在文化遗产保护领域，重建却仍然是一个基本不被考虑，或尽量回避的措施。

为了探讨古建筑重建的可能性，笔者对目前国际和国内的已有的重建案例进行了研究和梳理，并对相关研究成果进行了整理归纳。通过这些工作，笔者发现古建筑重建大致可以被划分为保护、展示、研究三个类型。

1 基于保护进行的古建筑重建

基于保护进行的重建活动，其主要的保护对象有三个方面：一是对

文物本体的保护，二是对文化本身的保护，三是对文化传承的保护。

从保护文物本体的角度来说，按照《威尼斯宪章》的要求，允许把现存但已解体的部分重新组合，只是要求其所用粘结材料应永远可以辨别，并应尽量少用，确保古迹的保护和其形状的恢复便可。这一原则适用于因地震、海啸、台风等自然灾害或战争、拆迁等人为原因，导致建筑突然消失，但是保存有大量的建筑构件，且有详细的测绘、建造图纸或保存了充分的文献、影像资料的情况。典型案例有丽江古城震后、汶川"5.12"震后和尼泊尔地震后对文物建筑的恢复重建（图2、图3），阿富汗对巴米扬大佛的重建工作以及叙利亚正在准备进行的战后古城恢复工作等。另外，依据充分和损毁时间不长，在公众心目中有较深的印象，或留存有可靠的形象资料的建筑重建也属于这一类型。

图2 汶川地震后的白鹿上书院　刘阳/摄

图3 重建后的白鹿上书院　图片来源：摄图网

从这一角度看重建,吕舟先生还有另外一种观点:为了改善建筑群的完整性,对建筑群中少量缺失的建筑进行重建,可以看作是对一个更大范围的保护对象局部缺失部分的修补,而进行的重建[5]。这一点和2002版《准则》中规定可以进行重建的"格局较完整的建筑群组中已毁坏的少量次要建筑"不谋而合。这类重建相对于整个建筑群而言,是对其所处景观完整性的一种修复,因此更接近于修复的概念。此类型典型代表为北京故宫的建福宫重建(图4)。建福宫位于故宫西北角,1924年毁于火灾,1999年经国务院批准重建,于2005年竣工。在建筑形制上采用了外观、工艺依从古建原貌,内部装修符合现代使用功能和安防要求的方式。西安永宁门箭楼、杭州雷峰塔等复建也属于这一类型(图5、图6),同时西安永宁门箭楼、杭州雷峰塔重建本身就是一个保护设施,具有保护文物本体的功能。

从保护文化的角度来说,这一类型最典型的案例就是波兰的华沙历史中心重建。在"二战"中,因为华沙人民拒不投降,纳粹德军在1944年8月报复性地摧毁了这座城市,全城85%的地段被荡平。此后,1945年到1966年间,波兰人民拒绝了建设现代主义首都的规划建议,凭借着战前精确的测绘图纸和照片资料,全面恢复了华沙历史中心。老城的建筑立面得到精确的复建,而内部则根据新的功能需求进行了改造设计。ICOMOS的专家认为:华沙的价值主要体现在其复建行为,而不是结果。因为华沙的复建这一事件,代表了波兰人民的"民族意志"——在历经磨难后存续

图4 重建后的建福宫花园主景延春阁 姜舜源/摄

图5 重建后的雷峰塔 图片来源:摄图网

图6 雷峰塔内的遗址保护展 白海峰/摄

自身文明的重要载体，同时也体现了20世纪下半叶修复技术的有效性。最终，华沙历史中心成功申报为第一批世界文化遗产。同样的案例数不胜数，韩国景福宫的重建（图7），以及我国著名的四大名楼黄鹤楼、岳阳楼、滕王阁、鹳雀楼的复建就是这种类型。这种重建的建筑一般对于某个地方有着重要的意义和价值，它有助于增强当地人在民族、社区、家乡身份和情感等方面的认同。

从保护文化传承的角度来说，重建的案例特别多，尤其在历史街区、民族村寨、历史村镇等类型古建筑的保护中。这些遗产现大部属于以传承传统文化为核心的活态遗产，与传统的纪念物和古建筑不同，这类遗产需要考虑对传统文化基本特征的保护，强调保护中的传承，保护活态文化的活力。这种基于传统的重建行为已经被视为延续某种活态遗产或传统技艺的载体，这种重建甚至是在原有建筑仍然存在，拆除原有建筑之后进行的重建。其最典型的案例是日本伊势神宫式年迁宫。按照日本的传统，伊势神宫每20年就会重建一次内宫（皇大神宫）、外宫（丰受大神宫）两座正宫的正殿和14座别宫的全部社殿，最近的一次神宫式年迁宫是在2013年。进行迁宫重建一方面保护了当地的特有文化，另一方面也保护了宫殿建筑技艺的传承。在这里，重建变成了仪式的组成部分，具有重要的文化价值。

2 基于研究进行的古建筑重建

基于研究进行的古建筑重建大部分是针对考古所进行的复原。1990年通过的《考古遗产保护与管理宪章》（即《洛桑宪章》）第七条提出"重建起到两方面的作用：试验性的研究和解释。然而，重建应该非常细心谨慎，以免影响任何幸存的考古证据，并且，为了达到真实可靠，应该考虑所有来源的证据。在可能和适当的情况下，重建不应直接建在考古遗址之上，并应能够辨别出为重建物"。

这一类型的重建最有代表性的案例是日本奈良平成宫大极殿和朱雀门的重建（图8）。通过数十年的研究，日本严格按照相同材料、相同工艺重建了这两处建筑，其中朱雀门的做法更为严格地遵照原有建筑形态和做法，而大极殿则在屋顶天花部分的彩绘、门窗的做法上使用了一些当代的元素。这两处重建的建筑代表

图7 韩国景福宫

图片来源：摄图网

图8 日本奈良平成宫朱雀门 赵荣/摄

图9 甘肃秦安大地湾遗址复原房址 白海峰/摄

图10 陕西宝鸡北首岭遗址复原房址 白海峰/摄

了日本对唐代建筑研究的最高水平。但这一类型的重建必须严格控制重建建筑的数量，尽可能体现不同的学术观点和推断，并避开遗址。

根据《洛桑宪章》的规定，为对建筑遗址进行科学研究所进行的重建行为，应在异地进行复原，其案例有西安楼观台宗圣宫的重建。宗圣宫在"文革"中成为一片废墟，2000年开始，按照考古勘探的遗址格局和碑石所载元代宗圣宫全貌图对其进行了重建。重修后的宗圣宫各建筑位于其建筑遗址的东侧约10米，和遗址形成了一个相互对比和相互解释的关系。另外，很多史前遗址也采用了这种方式对一些房址进行重建，如甘肃秦安大地湾遗址（图9）、陕西宝鸡北首岭遗址（图10）、半坡遗址，山东滕州北辛遗址等，都属于这一类型。

为研究进行的重建还有一种比较特殊的形态，就是基址复原。根据考古资料，只复原建筑的台基部分，并不对台基上的建筑进行全部重建。这样的案例有西安唐大明宫含元殿（图11）、麟德殿遗址和唐乾陵内城南门三出阙遗址。

3 基于展示进行的古建筑重建

从某种意义上讲，不管是因保护还是研究所进行的重建行为，都可以进行展示，如西安永宁门箭楼和杭州西湖雷峰塔，既是一种保护措施，更是一种展示手段。因此在2015版《准则》修订时，重建不再被定义为一种保护措施，而被视为一种展示行为归入新增加的第五章"合理利用"。基于展示进行的古建筑重建，有以下几种情况。

图11 西安大明宫含元殿基址复原前后对比

图片来源：西安曲江大明宫遗址保护区文物局

第一种情况是基于遗址，以对原有建筑情况进行展示为目的而进行的重建。这种情况以保护和展示遗址为主要目的，以表达原有建筑形态为辅。在设计过程中，设计者对原有建筑的形态进行了深入的分析，在建筑的式样上尽可能接近原有的形态，但结构完全采用当代技术和材料，并在一定程度上赋予这一建筑新的当代功能。典型案例为西安大明宫遗址丹凤门（图12）、洛阳隋唐洛阳城遗址定鼎门及前文提到的西安永宁门箭楼（图13）、杭州西湖雷峰塔等。另外，日本奈良平成宫大极殿和朱雀门的重建从某种意义上来说，也属于这个类型，只是其更强调对原有建筑从原构造、原设计、原结构、原材料、原工艺等所有细节尽可能的展示。

第二种情况是基于格局，以对原有建筑整体格局进行展示为目的而进行的重建。2015版《准则》第二十七条的阐释中提出"作为文物古迹的建筑群中在整体完整的情况下，对少量缺失的建筑，以保护建筑群整体的完整性为目的，在有充分的文献、图像资料的情况下，可以考虑恢复重建筑群整体格局的方案。但必须对作为文物本体的相关建筑遗存，如基址等进行保护，不得改动、损毁。相关方案必须经过专家委员会论证，并经相关法规规定的审批程序审批后方可进行"。这种情况存在两种不同的现象，一是对缺失少量建筑的大建筑群完整性的修复，如对一个主要殿堂都存在，但局部厢房缺失的寺庙，通过重建厢房修复建筑群；另一种则是建筑遗址是某建筑群中较为重要的一个建筑，缺少此建筑，会对整个建筑

群的格局有重要影响，或给别的文化遗产保护带来不利影响，同时也会给游客理解本建筑群造成误导。

第三种情况是基于设施，以提升服务水平为目的而进行的重建。2002版《准则》阐述部分第十三条第三款规定：核准在大范围的遗址内修建必需的展览和服务建筑，可以在次要遗址上重建，提供使用。这种类型的重建案例如大明宫北游客服务中心的建设，这种重建在很多情况下并不特别注重对原有建筑形式的准确重现，它往往根据重建时人们的审美或社会经济条件、建造技术、使用功能等采用新的建筑形态。

适度的重建在保护、研究、展示等方面具有积极的意义，支持为保护文物安全、保护文化及文化传承所进行的保护性重建，和不影响文物及其

历史环境原状的少量、适度研究或展示性重建活动。但在实施重建时必须注意以下几个方面：首先，不论是基于保护、研究还是展示所进行的重建，重建过程必须确保现存遗迹的安全，不对真实遗存造成即时或永久的负面影响，必要时仍可以恢复遗址原状；其次，在遗址上重建时，重建物与原遗址应有明显的界限标志，并设置必要的说明牌。遗址重建应严格控制数量，并尽可能体现不同的学术观点和推断；第三，重建的形式、材料、结构、工艺、色彩、体量和完整方案，要建立在可信的学术研究基础上，有充分可信的历史依据；第四，一切重建动议和立项都应经过严谨细致、民主充分的科学论证和依法审批，并应公示听取各方面意见，做出认真反应。禁止出于政绩、旅游开发等目的，没有历史根据地臆造"重建"[6]。

必须要认识到，重建的建筑不是历史的原物，重建建筑的价值也不具备原古建筑的价值。重建建筑的主要价值体现在文化方面，而不是建筑本身。如华沙历史中心的核心价值是1945年至1966年间的重建行为本身反映了人类不屈不挠的精神，以及重建后的古城所具有的纪念性意义和对当地文化心理的影响，而不是古城本身。建筑的重建行为代表的是一种对于历史或文化的认同，是一种力图使当代物质世界与特定历史时代、事件文化建立起联系，或者修补存在的历史、文化断裂的行为。作为一种对于已毁建筑的追念，建筑重建本身有助于传统文化的延续，具有文化传承和保护的意义；同时反映了重建时的文化精神和价值观，也见证了这一时代的历史价值。

图12 大明宫丹凤门　　　　　　　　　　**图片来源：西安曲江大明宫**

图13 西安永宁门箭楼　　　　　　　　　　　　　　**白海峰/摄**

注释

① 本文研究结论来源于《新丝绸之路视域下西部生态文化保护与旅游发展互动机制研究》（14BGL165）课题的研究成果。

参考文献

[1] 崔金泽. 重建、复建与再建：看待中国文物古迹物质性再造问题的新思路[J]. 中国文化遗产，2017，2：16–27.

[2] 国际古迹遗址理事会中国委员会. 中国文物古迹保护准则[M]. 洛杉矶:盖蒂保护研究所，2004：45.

[3] 同[1]

[4] 郭旃. 文物建筑毁坏后可以重建吗[N/OL]. 中国文化报，2016–8–19.

[5] 吕舟. 文化遗产保护语境下的重建问题讨论[J]. 中国文化遗产，2017，2：4–14.

[6] 郭旃. 文化遗产保护工作中的热点话题:遗产重建再思考[J]. 中国文化遗产，2017，2：28–33.

时空中的建筑：延禧宫百年记忆及其诠释

Buildings through the Vail of Time: Centennial Memories and Interpretation of Yanxi Mansion in the Forbidden City

文 / 徐婉玲

【摘　要】

在近六百年的时代变迁中，紫禁城从帝制皇宫转变为公共博物馆。作为紫禁城建筑的一个小单元，延禧宫亦从帝制时代的嫔妃住所改设为游憩之地，转而成为博物馆的珍品宝库和文化中心。本文通过对延禧宫建筑空间演变的梳理，解读这座宫殿所承载的历史记忆及其所蕴藏的场所精神。

【关键词】

宫殿建筑；延禧宫；历史记忆；场所精神；遗产解说

【作者简介】

徐婉玲　故宫博物院故宫学研究所副研究馆员

注：本文图片均由作者提供。

1 引言

关于古迹遗址所承载的历史记忆、美学意义和场所精神，国际文化遗产保护领域很早就已予以关注，并逐渐得到界定。1931年第一届历史性纪念物建筑师及技师国际会议通过的《关于历史性纪念物修复的雅典宪章》（简称《雅典宪章》）已注意到"文物古迹的美学意义"，因而提出要保护"某些特殊的建筑群和风景如画的周边景观"。1964年第二届历史古迹建筑师及技师国际会议通过的《国际古迹保护与修复宪章》（简称《威尼斯宪章》）则明确界定了"历史古迹"的概念及其所蕴含的历史价值和文化意义，"历史古迹的概念不仅包括单个建筑物，而且包括能从中找出一种独特文明、一种有意义的发展或一个历史事件见证的城市或乡村环境"。2008年第十六届国际古迹遗址保护协会年会形成的《魁北克宣言：场所精神的保存》认为，"场所精神"由"有形的建筑物、场址、景观、路径、物件"和"无形的记忆、口述、书面文件、仪式、庆典、传统知识、价值、气味"构成，它们赋予场所以灵魂，见证历史记忆，反映文化认同。

紫禁城是明清两代的皇家建筑，是中国现存古代官式建筑的最高典范，既有深厚的历史价值，又有鲜明的艺术价值。其空间格局体现了中国传统礼制文化的规划理念，其园囿布置展示了中国古代宫廷园林的艺术成就，其建筑档案保存了中国古代营建制度和传统技艺的重要信息。然而，紫禁城的空间格局

和建筑形制不是一成不变的。尤其在20世纪以来中国社会政治变革和文化转型进程中，紫禁城经历了极其复杂的转变，皇宫转变为博物馆，皇家收藏从秘藏走向公开。东方固有之建筑形式如何得以延续？建筑的美学旨趣和藏品的艺术品位如何加以结合？延禧宫建筑的百年变迁，见证了西方建筑理念在中国传统建筑文化土壤里的适应与转化，也诠释了博物馆记忆在特定场所空间内的物体化和空间化。

2 延禧宫建筑的时空演变

延禧宫，位于紫禁城东六宫区域内。宫殿南面有延禧门一座，与其他宫门无明显差异。中间为一座西洋建筑遗迹，白玉雕砌，铸铁架构。其建筑上下三层，地下一层，地上二层，高处平台四角各有一座铁亭，东南、西南为六角单檐铁亭，东北、西北为八角单檐铁亭，中间为八角双檐铁亭。宫殿东、西、北三面则分别为二层小楼三座，外观形制基本相

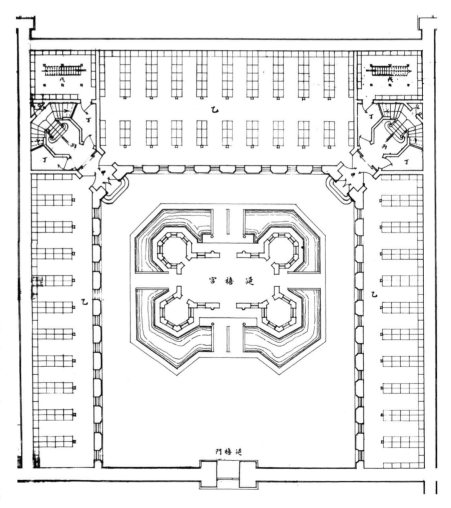

图1 延禧宫平面图（©故宫博物院）

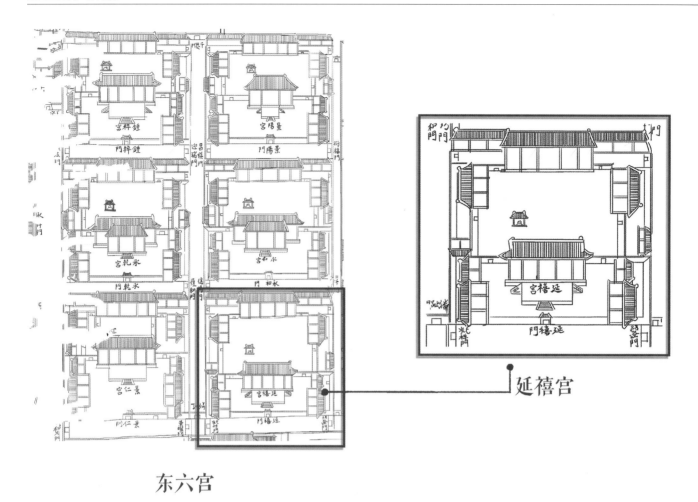

东六宫

延禧宫

图2 延禧宫位置图（©故宫博物院）

同，基本延承传统宫殿形式，朱红外墙，琉璃瓦顶，彩绘扶风，而其内部结构则采用现代技法，钢骨水泥，生铁门窗（图1）。紫禁城内之建筑，大多历经重建、重修而得以保持其原有建筑格局与形制，不少则因自然人为等因素，或遭焚毁，或被改建，抑或遇拆除，延禧宫即为其中之一例证也。目前，延禧宫遗址内建筑，皆为钢骨水泥的近现代建筑，而非木结构的传统宫殿建筑。

以往文章，有记述延禧宫展厅设计者[1]，或介绍延禧宫烫样内容者[2]，抑或报告遗址保存现状者[3]，唯对于民国时期延禧宫库房之设计

营建，常常语焉不详，亦有错漏。近日，电视剧《延禧攻略》热播，竟引来大批观众探访延禧宫。最终，很多人"慕名而来"，最后"诧异而去"。何以现实中的延禧宫竟与影视描述有如此大的差异？殊不知，时过境迁，人去物移矣。近年，笔者翻检故宫博物院所藏档案、图纸、照片，得以有机会梳理延禧宫建筑时空演变之脉络以及故宫文物库房营建之梗概。

2.1 延禧宫：帝王嫔妃之居所

延禧宫，始建于明永乐十八年（1420年），初名"长寿宫"。明

嘉靖十四年（1535年）更名"延祺宫"①。清初时期，更名为"延禧宫"，仍为后宫嫔妃之居所（图2）。康熙二十五年（1686年），重建延禧宫②，其位置在凝祥门与昭华门之间③。嘉庆七年（1802年）重修。延禧宫建筑格局与其他宫殿相似，为前后两进院落。其院落建筑布局亦大体相同，正殿五间，东西配殿各三间。据清乾隆时期《京城全图》显示，延禧宫为前后两进院，前院正殿五间，黄琉璃瓦歇山顶，殿前有东西配殿各三间，后院正殿五间，亦有东西配殿各三间。另据《国朝宫史续编》记载，延禧宫正殿内悬

挂乾隆皇帝御笔"慎赞徽音"，东壁悬梁诗正书《圣制曹后重农赞》，西壁悬挂《曹后重农图》④。嘉庆时期，曾重修延禧宫。道光二十五年（1845年），延禧宫遭火灾。据《内务府奏销档》载：道光二十五年五月二十二日，亥初，延禧宫不戒于火，由东西两配殿起火，延烧正殿五间，东西配殿六间，后殿五间，东西配殿六间，东水房三间，共烧房二十五间。至同治十一年（1872年）时，曾拟重修延禧宫，但最后不知因何原因而搁置。

目前，故宫博物院保存有一套延禧宫建筑烫样（图3）。据其黄签内容所示，应是同治时期仿照长春宫式样重建延禧宫的烫样[4]。院落格局与康乾时期基本相近，但建筑形制略有不同：延禧宫门为随墙琉璃门，门内有一座木质影壁。延禧宫分为前后两进院落，前院正殿五间，黄琉璃瓦歇山顶，前后带廊，东西配殿各三间，黄琉璃瓦硬山顶，前出廊，南墙琉璃门处有一倒座三间扒山抱厦房。前院各殿座之间有游廊相连，往来十分方便；后院正殿五间，黄琉璃瓦硬山顶，东西顺山房各三间，黄琉璃瓦硬山顶，东西配殿各三间，黄琉璃瓦硬山顶，前出廊，后院西南角有井亭一座，东西配殿的南山大墙处各有角门一座，可通院外；在前后院之间的东西配殿之间，另建有两座建筑，分别称之为东水房、西水房。

2.2 灵沼轩：游赏休憩之空间

宣统元年（1909年），隆裕太后下令兴建一座西洋式水殿，将延禧宫改建为游息之地。所谓"水殿"，即参仿西方"水晶宫"样式，以汉白玉为材料建造殿堂楼阁，再以铜铁为棵，玻璃为窗。主殿一层，四壁镶嵌玻璃，四周引水环绕，池内种植水草，蓄养游鱼。观者置身水殿之内，可透过玻璃，观游鱼戏水，亦可泛舟环池，赏一泓碧水。《清稗类钞》载：宣统己酉，兴修水殿，四周浚池，引玉泉山水环绕之，殿上窗棂承尘金铺，无不嵌以玻璃。隆裕后自题匾额曰"灵沼轩"，俗呼为水晶宫[5]。《清宫词》亦载：御花园近石廊西，灵沼轩头榜字题。引得玉泉三百斛，光明世界现琉璃⑤。

及至宣统三年（1911年），水晶宫建筑格局基本完成，有关记载也更为精详（图4）。如《申报》刊载：（水晶宫）共有九间，皆仿西式，外方而内圆。宫之四角，建设四亭，系八角式。下挖水池，内置花草，及水中各种之动物。殿座四周，亦与水池贯通，以水围绕。殿座之上，有高楼两层，每层亦系九间，四角各设一亭。统计三层，楼屋共三十九间，面积占地二百四十丈有奇，高约数丈。宫楼墙壁，均以夹层玻璃砖制成，灌水养鱼，并设置花草。梁柱则用铜铁制成，不用木料。第一层地板亦系玻璃砖所制，可窥见池中之水。如欲畅阅，尚可将玻璃地板拉开。池水深一丈有余，内置小船一只，备供游赏，并可破门而出，驶至殿外池内。其中层楼上之墙壁，与下层无异，地板亦玻璃砖。上层设置尤佳，墙壁板与下两层略同，而特于顶上置玻璃桶，内盛清水，为养鱼之用⑥。

关于灵沼轩的修建经费，记载亦颇多，但无确切总数。据报纸记载，水晶宫工程款预计需金100万元，截至1911年8月15日，工程费用支出已达78万元[6,7]。灵沼轩，可以说是紫禁城内最早的一座近代建筑，

图3 延禧宫烫样（©故宫博物院）

图4 灵沼轩

其建筑所需材料及设备大多采购自国外，例如铜质框架和加厚玻璃等。1910年6月，隆裕太后令派西苑电公所，为延禧宫新修水殿添安电暖炉、电风扇及电灯等现代设施。经勘查设计，西苑电公所向天津西门子洋行、江南制造局、上海机器制造局等处采购了电暖炉24台、电风扇14台、挂灯壁灯48只，以及大批橡胶水管、帆布水管和螺栓、电线等配套器材，耗银近万元[8]。因财力匮乏，工程时建时停。直至辛亥革命爆发，工程亦尚未完全竣工。

2.3 文物库房：庋藏珍宝之建筑

民国初年，中国知识分子对西方图书馆博物馆理论的借鉴，推动了紫禁城的空间变革。民国十三年（1924年）十一月，黄郛摄政内阁修正《清室优待条件》，驱逐溥仪出宫。同年十二月，清室善后委员会成立，点查清宫物品，筹设图书馆博物馆。民国十四年（1925年）年双十节，故宫博物院开院，下设古物和图书二馆，紫禁城内廷分三路向民众开放。当时，紫禁城前朝已于民国三年（1914年）开放，为古物陈列所管辖之地面。各

殿宇陈列奉天、热河行宫所藏清宫物品，对公众开放；修建西洋建筑宝蕴楼，用以庋藏珍贵古物。相比之下，故宫博物院开院不久，即因政局动荡，经历多次改组，事业发展受阻。

民国十七年（1928年）六月，国民党北伐成功，南京国民政府任命易培基接管故宫博物院，并修订故宫博物院组织法及理事会组织条例，改组隶属国民政府行政院。故宫博物院下设古物馆、图书馆和文献馆，东部的奉献殿、斋宫、毓庆宫及东六宫划归古物馆，西部的寿安宫、英华

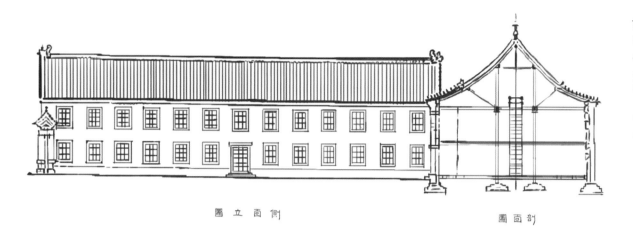

图 立 面 側　　　　　　　　　　图 面 剖

故宫博物院库房设计圖

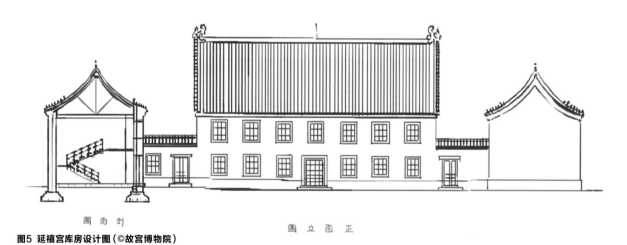

图 面 剖　　　　　图 立 面 正

图5 延禧宫库房设计图（©故宫博物院）

殿划归图书馆，宁寿宫则划归文献馆。按照民国十八年（1929年）《故宫博物院概况及将来之计画》，扩充专门陈列室，增加参观路线，开放城墙马道，拟将紫禁城改建为集博物馆、图书馆和公园功能于一体的城市公共空间。营建坚固的现代库房自然也被列为故宫博物院建设的重要事项，据《故宫博物院概况及将来之计画》记载，在古物馆、图书馆、文献馆三馆的适宜地点，"建筑铁筋洋灰库房一二所，以为储藏贵重物品之用"[9]。民国十八年（1929年）十一

月，易培基聘请汪申兼任故宫博物院临时工程处副处长，专门负责古建修缮、库房修建、陈列室改造等工程。及至民国十九年（1930年）故宫博物院制定《计画及方案》时，建筑防火险库房计划已经单独列出，并明确了"外表全照中国旧宫殿形式，加以油漆彩画；内部则用铁筋洋灰，照最新式方法建"的设计原则[10]。

民国十九年（1930年）七月，俞同奎电请彭济群会同汪申设计防火险库房。按照故宫博物院原定计划，拟将焚毁的中正殿、延春阁等建筑

加以恢复重建，外观沿用传统宫殿样式，内部则采用现代库房式样，以贮藏宝物而兼保存名迹。后经汪申、彭济群等勘察，认为重建中正殿、延春阁等处建筑，花费甚巨，而且以游览之地兼作库房，亦嫌暴露。当时，延禧宫旧址内，除水晶宫一座外，四围无房屋，是库房基址的理想之地。民国二十年（1931年）一月，汪申、彭济群等拟定《故宫博物院建筑库房及消防设备计画及估价说明书》，拟围绕水晶宫四周建筑库房（图5），并改水晶宫为库内特别陈列室：（一）利用

水晶宫东西北三面之空地建筑库房。整个库房呈"凹"字形，分上下两层；库身均用铁筋洋灰筑成，并配德国最新式保险钢铁库门；窗有三层，均具有中国式生铁篦子一层，外国铁窗一层，保险护窗铁板一层。（二）水晶宫改为库内特别展览室。周围添装汉白玉石栏杆，补齐修补门窗及内部装修，顶子改筑铁筋洋灰混凝土中国式驼架。（三）库房大楼外观采用传统官殿式，屋顶覆以黄色琉璃瓦，油饰按照宫中旧式办理[11]。

民国二十年（1931年）四月，故宫博物院约请理事长李煜瀛、专门委员朱启钤，召集各馆处负责人及建筑工程师汪申、彭济群等，召开第一次建筑仓库委员会会议，议定库房建筑设计方案。六月，故宫博物院召开第二次建筑仓库委员会会议，组织库房工程招投标。经半年之经营，延禧宫防火险库房于民国二十一年（1932年）春间落成。新建成的延禧宫库房，在建筑材料和内部结构上是完全按照当时防火险库房的要求来设计营建的（图6、图7）。除了库房屋顶的琉璃瓦件由北平琉璃窑厂⑦烧制外，延禧宫库房所用的其他材料大多为现代建筑装饰材料，例如华信工程司承办铁筋材料、协泰铜铁厂承制铁门铁窗、明达商行承装电灯、德商新民洋行采购保险门、自来水公司安装消防水管、天津新通贸易公司购买救火机及附属材料[12]，等等。

值得注意的是，延禧宫库房的设计者是留学法国的建筑师汪申，同时期的北平研究院理化楼、中法大学礼堂及图书馆皆由其设计，这些作品有其明显的特点：第一，建筑主体结构皆采用最新西式方法，为钢

图6 延禧宫库房外景（©故宫博物院）

图7 延禧宫库房内景（©故宫博物院）

筋混凝土结构，配以消防、供暖、卫生等设备，极力追求建筑使用的安全性与科学性。第二，建筑外观皆仿照中国传统建筑形式，采用出檐屋顶、大门抱厦及彩绘回廊，实现建筑形式的美观及其与环境的融合。可以说，在中西方科学、艺术和文化的

碰撞与融合下，延禧宫探索中国传统建筑形制法式与西方科学实用建筑技法的结合方面影响深远，成为"俾我固有之壮丽辉煌宫殿式建筑，参以经济适用之欧式方法，而创造一现代化经济化合用化之新式建筑"的经典之作[13,14]。

然而，延禧宫库房落成之时，正值日军发动侵华战争之际。为文物安全起见，故宫博物院积极筹谋对策。民国二十年（1931年）冬，北平故宫博物院设立临时警卫处，处长由总务处长俞同奎兼任，副处长由古物陈列所主任钱桐兼任，统一管理和调度故宫博物院、古物陈列所以及历史博物馆的警卫力量，以保护文物安全。民国二十一年（1932年）初，日军又发动"一·二八事变"，上海规模较大的文化机关遭到轰炸焚毁，损失难以数计。故宫博物院各馆处当即着手撤收各殿内所陈列的重要文物，集中人手从事文物包扎、编号造册及装箱工作，送入新建延禧宫防火险库房保存，筹划迁移诸事。此后数十年，延禧宫一直是故宫博物院珍藏重要文物的库房，由于安全和隐秘的因素而鲜为外界所知。

图8 延禧宫库房正北房

2.4 研究中心：学术交流之平台

21世纪初，随着地下文物库房建成和文物清理工作有所进展，延禧宫库房空间也得到改造。书画和瓷器是故宫博物院藏品的两个大宗。故宫博物院收藏陶瓷文物总计约35万件，清宫旧藏约32万余件，还有大量历代古窑址瓷片标本和陶瓷类实物资料。故宫博物院收藏历代卷轴、贴落、碑帖、壁画、版画、玻璃画等各种形式的书画文物逾14万件，其中唐宋元绘画400余件，晋唐宋法书430多件，元以前的碑帖拓本189件。经几代故宫人的整理研究，故宫博物院在书画和陶瓷研究领域取得了丰硕成果，汇集了众多名家，陶瓷专家如陈万里、孙瀛洲、冯先铭、耿宝昌等，书画学者有徐邦达、马子

图9 延禧宫库房东配楼

云、刘九庵、王以坤、朱家溍等，他们从院藏文物入手，以档案文献为依据，借鉴相关学科方法，逐渐形成了"故宫学派"。

2005年10月，故宫博物院在建院八十周年之际成立古书画研究中心、古陶瓷研究中心，通过藏品研究与文物展览的成果转化，拓展课题合作与人才交往的学术平台。延禧宫北楼改设为研究中心办公场所（配有实验室、会议室、观摩室等）（图8），东西配楼分别改造为书画、陶瓷陈列室（图9）。延禧宫库房成为集参观、展览、交流、研究多功

能于一体的学术平台，陶瓷书画展览定期开放，瓷片标本资料长期陈列，学术讲座沙龙时常举办。两大中心成立之初，即形成了"以藏品学术研究为基础、专题文物展览为形式、国际学术研讨为内容"的运作模式，在故宫博物院业务发展以及国际学术交往方面发挥举足轻重的积极作用。例如，基于考古地层学和类型学理论形成的"故宫博物院藏中国古代窑址标本展"，集合了数代故宫人累积的窑址调查成果，亦成为各大高校文博专业的第二课堂；又如"《清明上河图》及宋代风俗画"以年度特展的方式，配合国际学术研讨会，不仅向观众展示藏品体系，亦与国际学界分享学术成果。

2013年10月，故宫博物院设立故宫研究院，吸纳故宫博物院学术人才，汇集国内外知名专家学者，共同搭建开放式高端学术平台。故宫研究院为非建制机构，以创建"学术故宫"为宗旨，引领学术发展，制定科研规划，考评学术成果，推动故宫博物院学术研究、人才培养、学术出版和对外交流等事业的可持续发展。目前，故宫研究院下设1室20所，初步形成覆盖全面、专业突出和梯次完备的学术团队。尤其是早期成立的陶瓷研究所、书画研究所、古建筑研究所、明清宫廷史研究所、藏传佛教文物研究所以及近年设立的考古研究所、古文献研究所，在各自领域占据重要位置，并在国际学界发挥积极影响。目前，灵沼轩建筑病害调查、虚拟现实作品制作以及修缮改陈方案皆已完成，外国文物馆正在规划

设计之中，延禧宫空间将会迎来新的变化。

3 结语

总而言之，历经近600年岁月沧桑，曾经作为帝王嫔妃居所的延禧宫因火灾而损毁，但这一空间又因灵沼轩和文物库房的营建而得以延续。如今，故宫（紫禁城）身兼全国重点文物保护单位和世界文化遗产的双重身份，故宫博物院肩负国家一级博物馆和国家ＡＡＡＡＡ级旅游景区的双重责任，如何合理保护利用世界文化遗产，有效管理中华文化艺术珍品，又最大限度地满足观众日益增长的文化需求？故宫博物院既是近代中国社会政治变革的典型产物，也是推动当代中国文化转型的重要力量。最近几年里，在充分尊重古建筑现存状况、历史文脉、文化肌理的前提下，故宫博物院在建筑空间的改造、历史面貌的恢复、文化氛围的营造等方面进行了大胆改革，并且卓有成效，例如东华门古建馆的开辟、宝蕴楼院史陈列馆的设计以及畅音阁戏楼的再现都是具有示范性意义的。"营造之道：紫禁城建筑艺术展"利用东华门城楼空间，以建筑烫样、构件、图纸、文献、材料、工具等为展品，解读紫禁城的建筑奥秘。"故宫博物院早期院史展"利用宝蕴楼库房展厅空间，以文物、档案、文献、图片等为展品，建构故宫博物院的历史记忆。畅音阁戏曲馆，通过参观路线的设计，贯通扮戏楼、畅音阁、阅是楼，恢复畅音阁戏楼的历史原貌。延禧宫的

空间改造亦将如此，时代发展的要求和博物馆功能的完善终将在这些空间里留下独特的印记。

注释

①《明宫史》："麟趾门之东，曰延祺宫，曰神怡殿。"

②《大清会典。事例。二》（卷六百六十二）："二十五年，建延禧宫。"

③《国朝宫史》卷十二："凝祥门再东为昭华门，中间南向者曰延禧门，门内为延禧宫。"

④《国朝宫史续编》："延禧宫前殿，恭轩高宗纯皇帝御笔匾曰：慎赞徽音，东悬梁诗正敬书《圣制曹后重农赞》，西壁悬《曹后重农图》。"另参阅《钦定日下旧闻考》卷十五："延禧宫，康熙二十五年重建，前殿恭悬皇上御书额，曰慎赞徽音。"

⑤《清宫词》注释与《清稗类钞》所载相同。

⑥《水晶宫内容纪闻》，《申报》1911年8月15日，第4-5版。此外，据民国时期故宫博物院职员章乃炜等著《清宫述闻》记载："在宁寿宫西数丈，掘地为池，深丈余，宫立水中央，凡三层，层九间，又四角各有一亭，计三十九间，以铜作栋，以玻璃为墙，四望空明。入其中者，如置玻璃世界，墙之夹层中，置水蓄鱼，下层地板亦以玻璃为之，俯首而窥，池中游鱼，一一可数，荷藻参差，青翠如画。地板又可开关，时或揭起，驾小舟直达宫外。中层、上层地板亦用玻璃。上层顶上，更有玻璃缸数十，为蓄鱼之需。楼梯皆置宫外，由东南亭内，曲折环绕，渐升而不自知也。"

⑦北平琉璃厂，即指赵家官琉璃窑。据载，赵家祖籍山西榆次县南小赵村，世代从事琉璃烧造，人称"琉璃赵"。自元新建大都及至明清两代，"琉璃赵"一直为皇家烧造琉璃瓦。及至近代，"琉璃赵"仍为各处古建修缮及仿古复古建筑烧制琉璃瓦，例如协和医学院、中山陵、北京图书馆等。

参考文献

[1]于彤，邢娜，孙悦."延禧宫"中构设的古书画、古陶瓷研究中心展厅[J].紫禁城，2006（1）：98-103.

[2]朱庆征.方寸之间的宫廷建筑：紫禁城·延禧宫烫样[J].紫禁城，2006（7）：88-91.

[3]曲亮，赵鹏，王时伟.北京故宫灵沼轩建筑构件的调查研究[C]//张复合.中国近代建筑研究与保护（八）.北京：清华大学出版社，2012.

[4]同[2].

[5]徐珂.清稗类钞（第一册）[M].北京：中华书局，2010年第1版.

[6]水晶宫内容纪闻[N].申报，1911-08-15(4-5).

[7]百万金之水晶宫[N].真光报，1911，10（7）：62-63.

[8]心昊.清末延禧宫安设电暖炉[J].紫禁城，198(5).

[9]《故宫博物院概况及将来之计画》，故宫博物院藏民国档案"故宫博物院·计划总结类"（4）.

[10]《计画与方案》，故宫博物院藏民国文献"故宫博物院·计划总结类"（11）.

[11]《故宫博物院建筑库房及消防设备计画及估价说明书》，故宫博物院藏民国档案"故宫博物院·修建工程类"（29）.

[12]《关于建筑仓库及订购消防用具本院与各厂商签订之合同底稿》，故宫博物院藏民国文献"故宫博物院·计划总结类"（18）.

[13]建筑协会派代表赴北平参观 谋发展东方固有之艺术[N].申报，1934-05-12(12).

[14]建筑协会派员 赴平考察下月可归 此行收集各种材料甚丰[N].申报，1934-06-30(14).

乡土建筑旅游开发的思考：以广东省梅县侨乡村为例

Tourism Development of Vernacular Architecture: A Case Study of Qiaoxiang Village in Meixian City, Guangdong Province

文 / 陈梦媛

【摘 要】

城镇化浪潮下，大量的乡土建筑消失、荒废，旅游业的大力发展让乡村的古民居建筑看到了生机。作为客家古民居建筑的天然博物馆，广东省梅县侨乡村被誉为"中国最典型的客家围屋古村落"。在解读乡土建筑旅游要点的基础上，本文以侨乡村为案例地，通过分析其现有的乡土建筑资源和旅游困境来探讨乡土建筑旅游开发的原则、流程、重点，为其他村落的乡土建筑保护和旅游发展提供一定的借鉴。

【关键词】

乡土建筑遗产；保护与开发；乡土建筑旅游；旅游开发流程；侨乡村

【作者简介】

陈梦媛 清华大学建筑学院硕士研究生

1 导言

2000~2010年期间，中国的自然村总数从363万个锐减到271万个，10年内减少了90万个自然村[1]。从乡土中国过渡到城乡中国，现在的乡土社会已经不是费孝通先生所描述的那个比现代社会变化慢，具有"静止"特点的家园。持续席卷而来的城镇化浪潮使大量村落急速消亡，随之消失的还有很大一批乡土建筑。1999年，国际古迹遗址理事会（ICOMOS）于墨西哥通过《乡土建筑遗产宪章》[2]（Charter on the Built Vernacular Heritage），在开篇部分有这样一段介绍："乡土建筑遗产在人类的情感和自豪中占有重要的地位。它已经被公认为是有特征的和有魅力的社会产物。它看起来是不拘于形式的，但却是有秩序的。它是有实用价值（utilitarian）的，同时又是美丽和有趣味的。它是那个时代生活的聚焦点，同时又是社会史的记录。它是人类的作品，也是时代的创造物。"正是这样一批有价值的乡土建筑正面临着严重的存续危机。从事了二十多年乡土建筑保护的陈志华先生这样形容乡土建筑的抢救性保护工作：只有一点点游丝般的气力，连土地庙里的香烟都吹不倒的气力，何况还遭到阻碍和奚落[3]。现在的乡土建筑保护工作可以说必须以一种"抢救"的方式来进行，保护的速度远远赶不上那些乡土建筑消失的速度，那些有价值的历史见证还没来得及被发现被重视就已经被无情地推倒了。

庆幸的是，由国务院公布的全国重点文物保护单位从1961年的第一批到2013年的第七批共有4296处，其中有越来越多的乡土建筑被纳入。还有在全国范围内开展的传统村落和历史文化名村申报评选工作，在一定程度上也推动了保护工作的进行。在乡村建设中，国家的这些政策支持为乡土建筑保护工作的有序开展奠定了基础。但在这场全国乃至全球的乡土建筑遗产保护运动中，如何平衡保护与地方发展及村民生活的关系仍然有许多值得我们探讨的地方。

一方面乡土建筑的保护发展举步维艰，另一方面乡村旅游市场需求旺盛，富民效果突出，发展潜力巨大，并且已经成为促进农民增收、农村经济社会全面发展的重要力量[4]。在此过程中，乡村旅游还得不断提升品质和增加内涵以适应新时期不同游客的需求，譬如挖掘旅游资源的文化内涵。而建筑，特别是乡土建筑，本身就具有历史价值和文化价值，所以乡土建筑旅游是一场人文旅行的体验，在一定程度上能提升乡村旅游的文化内涵。乡土建筑的保护和传承与乡村旅游发展质量的提升如何有机结合、协同发展值得地方政府和社区、学界、相关主体引起重视并加以关注。笔者于2018年4月两次到广东省梅县侨乡村开展调研工作，除了惊叹于精美的建筑，也忧心那些还没有得到妥善保护或者已经被荒置的建筑。地方政府寄希望于乡村旅游的发展来振兴乡村，但仍没有找到真正适合自身的发展之道，由此引发了笔者的以下思考。

2 乡土建筑旅游再解读

建筑旅游活动是由旅游主体、旅游客体和旅游媒体互为条件、相互作用而产生的[5]。建筑旅游的旅游主体为建筑旅游者，客体是相关的建筑旅游资源，媒体则是建筑旅游业。旅游者为了欣赏建筑、了解建筑所进行的旅游活动就是建筑旅行，建筑旅行可以是建筑学教育，也可以是大众审美普及。随着旅游业的不断发展，旅游的内涵也在不断地丰富，有越来越多的人参与到建筑旅游活动中。通常意义上人们所理解的建筑旅游，其对象包括城市建筑和乡土建筑。城市建筑中，有的因为建筑师而闻名，例如日本建筑大师安藤忠雄设计的光之教堂，每年都会吸引许多游人前往；有的则是因为其本身所具有的特殊意义，例如2008年北京奥运会的举办场地——鸟巢和水立方，作为地方地标性建筑已经成为很多首次来京游客的必游之地（图1）。

乡土建筑旅游是建筑旅游包含的另一部分，其对象是乡村中具有历史文化价值的传统建筑。乡土建筑与自然环境的关系更为紧密，不同地方的建筑形态具有明显的地域性特色，建筑风格迥异，同时包含了更多的历史文化价值。也正是由于乡土建筑和环境的紧密联系，乡土建筑旅游的旅游客体通常是带有强烈地方特色的传统乡土住宅建筑，呈现方式主要以片区展示或体验为主，例如安徽省黟县宏村（图2）；也有部分大体量的单体建筑，例如位于福建省华安县大地村被称为"土楼之王"的二宜楼。旅游目的地在乡村，乡土建筑旅游在一定程度上也被视为乡村旅游的一部分，但具体的旅游客体是不同的，旅游体验也会不同。乡土建筑旅游在开发时的侧重点会放在乡土建筑上，包括相关旅游线路的设计和重要节点的打造。

图1 北京鸟巢和水立方　　　　　　　　　徐晓东/摄

图2 安徽宏村　　　　　　　　　图片来源：摄图网

3 客家围屋村落——广东省梅县侨乡村

3.1 概况

　　广东省梅县侨乡村地处粤东丘陵山区，位于南口镇西南部，距梅县新城12km，地处205国道旁，交通便利。由寺前村、高田村、塘肚村3个自然村组成。村庄整体环境优美，三星河穿村而过，农田分布两旁，房屋点缀其间。辖区面积1.5km²，户籍人口2861人，先后有刘、陈、钟、黄、潘等姓氏的人在此居住，现在大部分村民都是潘姓。新中国成立前，侨乡村大部分住户都是侨属，20世纪50年代村民成立农民互助组，起名"侨乡互助组"，虽建置区划屡经变更，但"侨乡"的冠名仍保留至今。侨乡村的发展很大程度上得益于出洋经商的村民，这部分村民攒钱后就寄回家乡买田建屋、办公益。现有旅居东南亚各国，日本、美国的华侨以及港澳台同胞共3000多人，这也让"侨乡村"成了名副其实的侨乡。

3.2 乡土建筑资源分析

　　侨乡村1980年前的传统乡土建筑共119座（寺前村34座，高田村33座，塘肚村52座），整体保存状况较好，大多是围龙屋（图3），其中百年以上老屋57座，客家"围龙屋"38座，"走马楼""锁头屋""合杠屋"等各式客家传统民居65座，其中较为大型和保存良好的围龙屋有43座，建筑整体的风格看起来相似，实则大有不同、各具特色、美轮美奂。村里的围龙屋大致划分为三个时期：一是明代中晚期，这一时期的建筑有17座，代表建筑为潘姓老祖屋秋官第。所建的围龙屋格局大多是尚未完成的，初建时预留了足够的地方，子孙可以不断添建，并无边界的限定。首期建祖堂屋，在建的过程中便不断有人住进，之后便按照堂屋、横屋、围屋的顺序依次添建，一旦开始建设横屋，则终止堂屋的添建，横屋和围屋没有限制。二是清中叶时期，有17座建筑，代表建筑为上新屋。这一时期的围龙屋采取一次性完成，格局完整。三是清末时期，这一期间的建筑俗称华侨屋，在保留围龙屋大格局的前提下,艺术处理方面融入了中外经典元素,彰显了时代特色,村内还保留有92座,是侨乡村乡土住宅建筑的主要部分。南华又庐是其中最具规模的代表,有100多年历史,是目前客家梅州地区最大、保存最完好的古民居之一,早在2002年便被列为广东省文物保护单位(图4)。侨乡村各特色建筑概况如表1所示。

3.3 旅游现状分析

侨乡村早在2006年就被确定为梅县新农村建设示范村和自驾车旅游专业村,2012年被命名为"中国古村落(传统客家民居)",并享有"中国最典型的客家围屋古村落"的美誉,同年,被评选为第一批国家级传统村落。2017年,住房与城乡建设部公布了第四批美丽宜居村庄示范名单,侨乡村位列其中。

虽荣获诸多称号和殊荣,但侨乡村并非是热门的乡村旅游目的地。旅游旺季主要集中在油菜花开的时节,此外,周末和节假日游客也相对较多。游客多以周边地区居民为主,有少量团队游客。游客通常是一日游,主要来此观赏围龙屋。目前,侨乡村旅游发展还处于萌芽阶段,旅游基础设施不够完善。一日游的客人并没有给地方村民和村庄带来直接的经济收益。社区参与旅游发展程度较弱,村民未曾感受到旅游红利,自然也就缺乏旅游发展意识,对于村内重要的建筑旅游资源也没有实行有效的保护措施。当地村委一直想发展旅游业,但没有上级政府的引导也不敢轻易进行建设开发,缺乏资金支持也是一大问题。村委村干部有意识地想去外面学习好的案

图3 侨乡村的围龙屋　　　　　　　　　　　图片来源:乡村复兴论坛

图4 侨乡村南华又庐　　　　　　　　图片来源:清华同衡传统村落研究所

例,但对自身资源的认识还不够清晰,对于未来的旅游发展也没有形成明确的定位。村民和村委干部并没有将乡土建筑资源视作可以进行旅游开发的旅游资源,缺乏保护和发展意识。

4 侨乡村乡土建筑旅游开发设想

4.1 乡土建筑的保护与旅游开发

遗产保护和旅游开发看似矛盾,人们会认为遗产保护一旦跟旅游挂

钩就意味着破坏，有些地方文化也会因旅游的发展而受到破坏，所以这两者总是避讳一起谈。但对于建筑而言，对于旅游的敏感度并不高，合理的管理和定期的修缮更为重要。现在的旅游发展势头正旺，将这两者联系到一起也算是合理的思考。有关的保护条例不会提及建筑遗产的经济效益，但建筑遗产维护需要的巨额资金投入，仅靠国家和地方财政支撑远远不够，乡村内部要实现可持续发展才是长久之计。从现在普遍的情况来看，各遗产保护规划中通常会专门列一项相关的旅游规划建议，也算是不成文的规定，就怕地方政府没有实施以保护为主的旅游开发，造成不可挽回的结果。

4.2 侨乡村旅游发展契机

2018年，乡村复兴论坛梅县峰会（图5）的召开为侨乡村赢来了重大的发展契机。侨乡村作为峰会的主会场之一，借着峰会的举办，开展了一系列环境治理和基础设施建设工作。现在村内已建游客服务中心、旅游公共厕所、乡村咖啡馆（图6）；主要道路实现硬化，重点建筑进行了灯光照明设计，同时有多家民宿已经达成了入驻意向，基础设施的配备为后续的发展打下了基础。此次峰会的召开是侨乡村一个重要的发展契机，不仅吸引了各界的目光和关注，而且还得到了政府的支持，社区居民也从观望者转变为积极的参与者，外部运营主体也纷纷加入其中。适时抓住发展契机才能让侨乡村实现从普通农耕小村庄逐渐向自然生态旅游村的转变。

4.3 乡土建筑旅游开发的基本原则

4.3.1 保护优先

对于乡村来说，优美的环境是旅游活动的重要载体，也是旅游业能持续发展的重要资源。在开发过程中要注重科学性、合理性、规范性，注重生态环境和乡土建筑的保护。加强环境治理，对一部分乡土建筑进行维护和修缮，保护乡村风貌，维持村内原有的"山—村—田"格局肌理。通过对环境要素的保护带动乡土建筑旅游的发展。

4.3.2 政府引导

在开发过程中注重政府引导，以政府引导为主，调动一部分社会企业和组织的参与，实现乡村的要素流动。联合院校和科研机构进行策划和规划，通过各项帮扶政策引入企业和运营主体，调动地方村民参与旅游发展的积极性，培养一批乡村精英。

4.3.3 突出特色

旅游开发要根据自身资源进行差异化的开发，因地制宜，突出地方特色，打造亮点是关键。客家文化使侨乡村不同于其他的村落，传统的围

表1 侨乡村特色建筑表

序号	名称	位置	年代	形制	占地面积
1	秋官第	寺前自然村	明代嘉靖年	三堂六横三围龙屋	8000m²
2	兰馨堂	高田自然村	明代末年	两堂两横一围龙屋	4160m²
3	德馨堂	高田自然村	光绪二十八年	两堂四横两围龙屋	4360m²
4	南华又庐	高田自然村	光绪三十年	三堂两横一枕屋	11220m²
5	承德堂	高田自然村	光绪三十年	五合杠屋（走马楼）	1620m²

图5 2018年乡村复兴论坛梅县峰会　　　　　　　　　　图片来源：由乡村复兴论坛提供

龙屋建筑、客家美食、客家习俗都是地方可以深入挖掘的资源。在确立好乡土建筑旅游的发展重点后，要根据资源特色，在现有产业基础上打造一批具有客家特色元素的旅游产品，并进一步形成旅游品牌。

4.3.4 产业协同

旅游业的关联度高、带动性强、乘数效应明显，旅游活动会直接或间接地推动其他产业的发展，而旅游业自身的长期健康发展也离不开各产业之间的协同。要以农业为旅游发展的基本依托，通过开发乡土建筑旅游带动观光农业、种植业、餐饮业、住宿业等产业的发展。政府要强化政策支持，积极促进各产业之间的深度融合和发展。

4.4 乡土建筑旅游的开发流程

对于已经具备一定旅游发展基础的侨乡村，后期的旅游开发不应再采用缺乏规范和管理的随机开发，而应该采用"规划型"的旅游开发。这样的开发方式能科学合理地利用现有资源，具有明确的目标导向。通过合理的规划布局，能相对较快地产生旅游效益，同时还能充分保护村落环境和乡土建筑资源。在具体的操作上，要对侨乡村的旅游资源，特别是建筑资源进行充分地调查研究；对比梅州地区其他村落分析旅游的客源市场；根据自身的经济状况和开发条件，结合国家、广东省、梅州市的旅游发展导向，基于客观分析对村落的旅游开发作出时空计划。而具体时空计划包括发展战略、村落空间规划布局、旅游产品策划、资源保护方案、市场分析、效益预估、开发建设程序等方面。基于对侨乡村的前期调

图6 自在楼（乡村咖啡馆）　　　图片来源：由北京清华同衡规划设计研究院传统村落研究所提供

研，其乡土建筑旅游可以采用策划为首的开发流程（图7）。

4.5 开发重点
4.5.1 规划设计

旅游规划作为发展导向将指导村落未来的发展方向，其相关规划工作要引起足够的重视。聘请专业团队进行相关的调研和评估，分析高田、寺前、塘肚3个自然村的格局肌理，打造包括山林、传统建筑、田园风光、滨水河道在内的不同景观展示区。以乡土建筑为主要资源进行规划设计和开发，从东边的东华庐、秋官第开

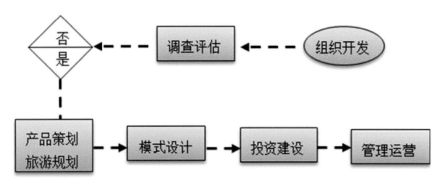

图7 旅游开发流程图　　　　　　　　　　　　　**图片来源：作者自绘**

始，到中间的德馨堂、上新屋，再到西边的南华又庐，串起一条乡土建筑旅游带。

4.5.2 文创引入

乡土建筑旅游本身就蕴含了很多的文化因素，向我们诉说着背后的历史和故事，但非建筑专业的游客不会理解先人的选址智慧，不会体会到建筑设计的别具匠心，更不会读到南华又庐历时17年的建设故事；村内一批潘姓华侨企业家的名人轶事也会随着时间的流逝慢慢被人淡忘。如何将这些有价值的信息展示出来，丰富旅游的文化内涵，增加旅游活动的趣味性和吸引力？答案是要有相关文化创意运营主体的引入。村民和政府对地方情况甚是了解，但并不能对地方文化进行深入挖掘和充分利用，包括乡土建筑背后的文化内涵及其展示、村内相关旅游产品的开发设计等。乡土建筑旅游的游客受众广，青壮年游客更是其中的主力军，而这部分游客往往更加重视旅游的文化内涵。

4.5.3 民宿集群

由中国旅游研究院发布的首份乡村旅游发展报告（《旅游大数据系列报告："五一"小长假全国乡村旅游发展报告》）显示：全国乡村旅游平均出游距离为70km，平均出游时间为25h，进行乡村游的省内游客占比为96%，并且很多游客都会选择自驾游，半数以上游客每月进行一次乡村游（数据来源：中国旅游研究院&中国电信联合实验室）。

侨乡村作为梅县自驾游旅游特色村，要充分利用其区位优势，不只是吸引游客前来，最重要的是能留下客人。从一部分荒废的传统建筑中，从优选择几处重点项目进行改造，让老旧建筑在重新焕发生机的同时打造具有客家建筑特色的民宿。传统围龙屋布局，前有禾坪和水塘，中有堂屋和天井，侧方和外围还有屋，特别适合开发有20~30间客房的大型民宿和10间左右的小型民宿（图8）。民宿都拥有自己的特色，所以民宿要集群发展以满足不同客人的体验需求，还要做到对客源市场进行客观分析，切忌过度开发。从《报告》来看，虽然乡村旅游的大部分游客是省内人，但

对于发展乡土建筑旅游的侨乡村来说，长远的目标应该是那些没有见过围龙屋的非客家人，他们的好奇心和体验需求会比相邻地方的游客更加强烈，而这部分客人花费的旅行时间也会更长，更容易留下来产生更多的消费活动。

4.5.4 社区参与

旅游活动的六要素"吃、住、行、游、购、娱"，这些活动包含了地方能直接从中获益的盈利点，而经营者大部分是地方社区居民。地方社区作为旅游目的地的参与主体，既是直接的利益相关者，也是影响游客体验优劣的关键因素。重视社区的作用，积极引导社区参与旅游发展成为地方旅游业能否持续健康发展的关键。以前，一处围龙屋会住上几十甚至上百户人，一处围龙屋就是一片小社区，虽然现在已经人去楼空，但宗族间的联系是断不开的，地方政府要有意识地进行社区营造，引导社区参与旅游活动。要解决乡村发展，产品和服务是关键，市场是方向，但相对有效的还是农村合作社。通过学习和培训，鼓励地方社区居民建立旅游合作社，让大家都参与到旅游开发中，共同决策，共同发展。

5 结论与思考

传统的中华文明中，很大一部分是农业文明。乡土建筑是乡土文化中最普遍存在的、信息含量最大的组成部分；同时，也是中国传统建筑最朴实和生活化，并且最富有人情味的一部分。保护生态环境是为了人类的未来，这直接决定着我们是否能健康地生活，那保护这些乡土建筑遗产是为

图8 传统的围龙屋　　　　　　　　　　　　　　　　　　　　　　　叶益坤/摄

什么呢? 为了可以真实触摸的历史和故事? 为了不同的审美体验? 为了和城市区别开来? 还是为了增加经济收入? 一些地方政府和村民利用乡土建筑遗产开发旅游增加收益是无可厚非的, 但开发的程度怎么把握, 如果已经无视其价值, 盲目开发上升到破坏的程度又另当别论了。怎样达成基本的共识? 在现行体制下, 相关的法律法规管理条例是底线, 而一揽子决策者的觉悟才是关键。乡土建筑旅游是对旅游不同意义的探寻, 现代化在不断推进, 这个过程所带来的同质化也让异乡与故乡变得没有差别, 在异乡的体验和感受或许能让人对故乡有更深的认识, 唤起心中那丝久违的乡愁。时代背景不同、阶段不同, 所以我们对旅游开发的探索没有既定的标准和答案。乡土建筑保护和旅游开发可以借鉴其他国家的方法路径, 参考它们的案例, 但中国千年的文化底蕴和乡土文明注定要我们走出一条适合自己的乡村振兴路。

参考文献

[1] 冯骥才. 传统村落的困境与出路 [N]. 贵州民族报, 2014-02-18 (B01).

[2] 陈志华, 赵巍. 由《关于乡土建筑遗产的宪章》引起的话 [J]. 时代建筑, 2000 (03):20-24.

[3] 陈志华, 李秋香. 乡土建筑初探 [M]. 北京: 清华大学出版, 2012.

[4] 中华人民共和国中央人民政府. 关于印发《促进乡村旅游发展提质升级行动方案 (2017年)》的通知 [EB/OL]. [2017-07-18]. http://www.gov.cn/xinwen/2017-07/18/content_5211529.htm.

[5] 董玉明. 建筑旅游学 [M].青岛: 中国海洋大学出版社, 2007.

中国古村镇大会

选 址 办 法

大会概要

中国古村镇大会创办于2015年，迄今已成功举办三届，是国内迄今为止唯一一个超部门、多学科、跨行业的开放性古村镇领航大会。大会以公益开放的心态，整合国内外高端思想资源，联合全国关心古村、文化传承和乡村发展的社会各界人士，增强社会爱护古村的意识，积极探索路径让古村更好地传承发展下去，以期探索有益于古村保护和可持续经营的发展道路，缔造国内顶尖的新锐思想圈，成就中国古村保护活化民间最权威、最具影响力的智力机构和合作平台。

选址目的

古村镇大会选址目的是建立一个为中国传统村落和古村重要事务对话的公共平台。会址选定以市（县）为单位，在与会各方交流、合作，并就大会主题、事务达成初步共识的同时，寻求与会址间的共赢发展。

古村镇大会的举办将推进会址所在地包括乡村旅游、投融资、产业建设与整合、形象推广在内的多方面共同发展，为产业生态圈及乡村建设提供有利契机：

★ 快速提高村镇知名度　★ 大力推进重点项目建设　★ 整体提高干部群众观念　★ 全方位引入智力资源　★ 促进项目合作与落地

选址条件及选定

古村镇大会年度会址选择范围原则上限定于传统村落或古村落分布较多的区域。

（一）该区域具备鲜明的村落地域文化特点（较多的古村落、实践较好的村落案例等）。

（二）无偿提供可容纳至少500人的会议场所，具备食宿接待基本设施。

（三）为大会提供基本筹备费用，具体内容可与大会秘书处接洽。

（四）会址所在地政府对于古村镇大会的举办给予政策认可和支持，并于当地及周边政府机构予以宣传推荐。

（五）会址所在地应具备较有特色的产业体系及开放、包容的投资环境。

业界推荐　**实地考察**　**综合评审**　采取"业界推荐、实地考察、综合评审"的方式确定年度会址所在地。

联系方式

大会秘书处：中国·深圳·坂田五和大道南2号万科星火Online 7-238
7-238,Vanke Spark Online,NO.2 Wuhe South Road,Bantian Street,Longgang District,Shenzhen,Guangdong,PRC

Tel：0755-28895149　WeChat：gucunhui　www.gucundahui.com

大会官方二维码

大地风景建筑设计
BES Architectural Design Co., Ltd

北京大地风景建筑设计有限公司

是大地风景文旅集团致力于"休闲旅游设计"研究和实践的专业设计机构。为旅游区、酒店与度假区、休闲街区、宗教文化与商业娱乐建筑等生活游憩空间，提供集策划、规划、景观、建筑、室内为一体的全整合思维解决方案。公司以精品化、原创性、个性化、多元化为原则，将功能、美学、文化、生态、技术、经济六因素融合与一身，着力于成为休闲旅游式美好生活方式的设计与实践者。

荣誉 | 奖项

2015设计影响中国-规划设计一等奖
(环长白山慢行绿道概念性规划设计)

2013中国最佳旅游项目规划设计艾蒂亚奖
(中国观音文化旅游区总体规划)

2012全国人居经典建筑规划设计竞赛-规划、建筑双金奖
(湖北养心域度假村建筑方案设计)

2012全国人居经典建筑规划设计竞赛-规划、环境双金奖
(济南园博园愿学书院整体规划与设计)

2011全国人居经典建筑规划设计竞赛-规划金奖
(丹江口市均县镇移民迁建区域规划设计)

010-57418925
www.besarch.com
besarch@bescn.com
北京朝阳区北四环中路盘古大观写字楼501

山东曲阜尼山儒宫

西双版纳禅茶世界

山东淄川普照寺

河南浚县商业街区

十堰秦巴农业生态园

云南龙山书院

青岛崂山东大门游客中心

环长白山慢行绿道

武当西门户旅游集散中心

四川遂宁河东农业生态公园

浙江湖州后乡土精品酒店

湖北丹江口养心域精品酒店

N

MODULAB

风景盒子

风景盒子（北京）建筑技术有限公司

北京市朝阳区盘古大观写字楼 5 层
Beijing City, Chaoyang District Pangu Plaza 5th floor
010-59393216

风景盒子是国内针对旅游市场，从事集模块化建筑设计、研发、生产、施工于一体的高端定制服务公司。公司依托于以往在旅游咨询领域及建筑设计施工方面丰富的行业经验，立足于自身强大的设计研发和生产能力，专注于模块化产品全产业链的设计咨询服务。为旅游局（委）、景区、企业等提供旅游配套设施产品的行业咨询、产品定制、快速化建设等一体化解决方案，帮助客户快速高效地完成配套服务设施，同时实现精准化、个性化的定制设计。业务涵盖公共设施配套、度假酒店、商业设施、儿童游乐、生物处理设备等全方位的旅游公共服务体系建设。

咨询

项目策划 | 集团资源

研发

模块化设计 | 多项专利

生产

预制率 | 85%

施工

装配率 | 90%

质保

全球配件供应 | 合作伙伴

TOURISM PLANNING & DESIGN　　NO.27
旅游规划与设计　　27
北京大学城市与环境学院旅游研究与规划中心 主办　　中国建筑工业出版社 出版　　旅游规划 ＋ 景观建筑 ＋ 景区管理

城市旅游
Urban Tourism

《城市旅游》
2018 年 3 月，第 27 辑

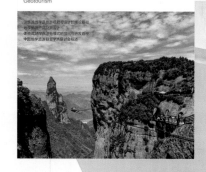

TOURISM PLANNING & DESIGN　　NO.26
旅游规划与设计　　26
北京大学城市与环境学院旅游研究与规划中心 主办　　中国建筑工业出版社 出版　　旅游规划 ＋ 景观建筑 ＋ 景区管理

地学旅游
Geotourism

《地学旅游》
2017 年 12 月，第 26 辑

TOURISM PLANNING & DESIGN　　NO.25
旅游规划与设计　　25
北京大学城市与环境学院旅游研究与规划中心 主办　　中国建筑工业出版社 出版　　旅游规划 ＋ 景观建筑 ＋ 景区管理

乡村健康旅游与乡居生活方式
Rural Wellness Tourism and Rural Residence Lifestyle

《乡村健康旅游与乡居生活方式》
2017 年 9 月，第 25 辑

TOURISM PLANNING & DESIGN　　NO.24
旅游规划与设计　　24
旅游规划 ＋ 景观建筑 ＋ 景区管理

遗产旅游：呈现与活化
Heritage Tourism: Representation and Rejuvenation

《遗产旅游：呈现与活化》
2017 年 6 月，第 24 辑

TOURISM PLANNING & DESIGN　　NO.23
旅游规划与设计　　23
旅游规划 ＋ 景观建筑 ＋ 景区管理

景区容量与游客管理
Carrying Capacity and Visitor Management

《景区容量与游客管理》
2017 年 3 月，第 23 辑

TOURISM PLANNING & DESIGN　　NO.22
旅游规划与设计　　22
旅游规划 ＋ 景观建筑 ＋ 景区管理

儿童及亲子旅游
Family and Children Tourism

《儿童及亲子旅游》
2016 年 12 月，第 22 辑

TOURISM PLANNING & DESIGN　　NO.21
旅游规划与设计　　21
旅游规划 ＋ 景观建筑 ＋ 景区管理

生态旅游
Ecotourism

《生态旅游》
2016 年 10 月，第 21 辑

TOURISM PLANNING & DESIGN　　NO.20
旅游规划与设计　　20
旅游规划 ＋ 景观建筑 ＋ 景区管理

台湾乡村旅游与民宿
Rural Tourism and B&Bs in Taiwan

《台湾乡村旅游与民宿》
2016 年 6 月，第 20 辑

TOURISM PLANNING & DESIGN　　NO.19
旅游规划与设计　　19
旅游规划 ＋ 景观建筑 ＋ 景区管理

主题公园
Theme Park

《主题公园》
2016 年 3 月，第 19 辑

TOURISM PLANNING & DESIGN　　NO.18
旅游规划与设计　　18
旅游规划 ＋ 景观建筑 ＋ 景区管理

旅游厕所
Tourist Toilet

《旅游厕所》
2015 年 12 月，第 18 辑

TOURISM PLANNING & DESIGN　　NO.17
旅游规划与设计　　17
旅游规划 ＋ 景观建筑 ＋ 景区管理

传统村落：保护与活化
Historic Villages: Protection and Rejuvenation

《传统村落：保护与活化》
2015 年 9 月，第 17 辑